TABLEAUX

DE LA NATURE.

A Tubingue, chez J. G. COTTA.

De l'Imprimerie de L. Haussmann, rue de la
Harpe, n°. 80.

TABLEAUX

DE LA NATURE,

ou

CONSIDÉRATIONS

SUR LES DÉSERTS, SUR LA PHYSIONOMIE DES VÉGÉTAUX,
ET SUR LES CATARACTES DE L'ORÉNOQUE;

Par A. DE HUMBOLDT.

TRADUITS DE L'ALLEMAND,

PAR J. B. B. EYRIÈS.

TOME PREMIER.

PARIS,

CHEZ F. SCHOELL, LIBRAIRE,
Rue des Fossés-St.-Germain-l'Auxerrois, n. 29.

1808.

PRÉFACE
DU TRADUCTEUR.

———

Les Tableaux de la Nature par M. de Humboldt, ont obtenu en Allemagne le succès le plus flatteur. Le nom de l'auteur, et l'art avec lequel il unit dans ce sujet intéressant une éloquence brillante à des connoissances profondes, doivent faire espérer que cet ouvrage ne recevra pas en France un accueil moins favorable. Je me suis efforcé de rendre ma traduction digne de l'original. Si dans quelques endroits elle s'écarte du texte allemand, je dois avertir les lecteurs que M. de Humboldt ayant eu connoissance de mon travail, a bien voulu m'indiquer des changemens qu'il se propose d'insérer dans une nouvelle édition. Je dois lui témoigner à ce sujet toute ma reconnoissance ; car je sens bien que la sorte de sanction qu'il a donnée par-là à ma traduction, est pour moi un gage presque assuré de l'indulgence du public.

Paris , 1 mai , 1808.

A MON FRÈRE,

Guillaume de HUMBOLDT,

A ROME,

L'AUTEUR.

PRÉFACE
DE L'AUTEUR.

J'offre en hésitant au public une suite d'opuscules inspirés par l'aspect d'une nature grande et majestueuse, sur l'Océan, dans les forêts de l'Orénoque, dans les savanes de Venezuela, dans la solitude des montagnes du Pérou et du Mexique. Quelques fragmens isolés ont été écrits sur le site même qui me les dictoit, et ensuite fondus ensemble pour for-

mer un tout. Je voulois successivement offrir la consi-
dération en grand de la nature , la démonstration de
l'action simultanée de ses
forces, la peinture des jouis-
sances toujours nouvelles
que la présence de ses impo-
sans tableaux procure à
l'homme doué de sentiment.
Chaque mémoire doit com-
poser un tout, dans tous on
doit aussi sentir l'unité du
but auquel ils tendent constamment. Cette manière de
traiter l'histoire naturelle
présente de grandes difficul-

tés que n'ont pu toujours
vaincre l'énergie et la sou-
plesse de la langue allemande
dans laquelle j'ai écrit mon
ouvrage. Les richesses répan-
dues sans nombre autour de
l'observateur, font éclore une
foule d'images partielles ,
brillantes sans doute , mais
qui, par leur entassement
même, détruisent le repos, et
nuisent à l'impression totale
du grand tableau de la nature. Parlant au sentiment et
à l'imagination, le style dé-
génère aisément en une prose
poétique. Ces idées n'ont

pas besoin de plus grands développemens ; les feuilles suivantes n'offriront que trop d'exemples des égaremens et des inégalités dont j'indique ici la source.

Puissent mes tableaux , malgré ces fautes, qu'il m'est plus facile de bien sentir que de corriger , faire éprouver au lecteur une partie de la jouissance que ressent un esprit ému par la contemplation de la nature. Comme cette jouissance s'augmente avec la connoissance de la liaison intime qui fait agir les divers ressorts de la nature, j'ai joint à chaque mémoire des additions et des éclaircissemens relatifs aux sciences.

Partout j'ai dirigé la pensée vers cette influence éternelle qu'exerce la nature physique sur les dispositions morales et sur les destinées de l'homme. C'est aux ames froissées par le malheur que cet ouvrage est principalement consacré. Que celui qui veut échapper aux orages

de la vie me suive dans
l'épaisseur des forêts, à travers les déserts, et sur les
sommets élevés des Andes !

———

CONSIDÉRATIONS

SUR

LES STEPPES

ET

LES DÉSERTS.

CONSIDÉRATIONS

SUR

LES STEPPES

ET

LES DÉSERTS.

Au pied de la chaîne de montagnes de granit qui résista à l'action violente des eaux, quand, au premier âge de notre planète, leur irruption forma le golfe du Mexique, commence une vaste plaine qui s'étend à perte de vue. Lorsque l'on a laissé derrière soi les vallées de Caraccas et le lac de Tacarigua (1) parsemé d'îles, et dont les eaux reflètent l'image des bananiers dont il est entouré ; lorsque l'on a quitté les campagnes ornées par la tendre verdure de la canne à sucre de Taïti, ou les bosquets ombragés par l'épais feuillage des cacaotiers, la vue se porte au sud sur des *steppes* ou déserts qui s'élèvent insensiblement , et terminent l'horizon dans un lointain sans bornes.

En quittant ces lieux où la nature prodigue la vie organique, le voyageur frappé d'étonnement entre dans un désert dénué de végétation. Pas une colline, pas un rocher ne s'élève comme une île au milieu de ce vide immense. La terre présente seulement çà et là des couches horizontales fracturées qui souvent couvrent une espace de deux cents milles carrés et sont sensiblement plus élevées que tout ce qui les environne. Les naturels du pays les appellent des *bancs* (2) et semblent par cette expression deviner l'ancien état des choses, où ces élévations formoient des écueils de la grande mer intérieure dont les *steppes* étoient le fond.

Encore aujourd'hui une illusion nocturne nous retrace souvent ces grands traits du monde primitif. Quand à leur lever et à leur coucher les astres brillans éclairent le bord de la plaine, ou quand leur image tremblante paroît doulée (3), dans la couche la plus basse des vapeurs onduleuses, on croit y voir l'océan sans bornes. Ainsi que lui, les *steppes* remplissent l'esprit du sentiment de l'infini. Mais l'aspect de la mer est embelli par le perpétuel roulement des vagues écumeuses ; et semblable à la pierre nue, enveloppe d'une planète désolée, le désert dans sa vaste étendue, ne présente que le silence et la mort.

Dans toutes les zones, la nature offre de ces plaines immenses ; dans chaque zone elles ont un caractère particulier et une physionomie déterminée par leur élévation au-dessus du niveau de la mer, et par la différence du sol et du climat.

Dans le nord de l'Europe on peut considérer comme des *steppes* ces bruyères qui sont couvertes d'une seule espèce de plantes dont la végétation étouffe celle des autres (4), et qui s'étendent depuis la pointe de Jutland jusqu'à l'embouchure de l'Escaut. Mais ces *steppes* peu étendues et parsemées de collines ne peuvent se comparer aux *llanos* et aux *pampas* de l'Amérique méridionale, ni aux savannes du Missouri (5), où erre le bison au poil floconneux, et le bœuf musqué armé de longues cornes.

Les plaines de l'intérieur de l'Afrique développent un aspect plus grand et plus imposant. Comme la vaste étendue du *grand océan*, ce n'est qu'à une époque encore récente qu'on s'est hasardé à les parcourir. Ces plaines font partie d'une mer de sable qui sépare des régions fertiles, ou qui les entoure entièrement comme des îles; tel on voit le désert voisin des monts basaltiques d'Harutsch (6), où l'Oasis de Siwa, riche en datiers, recèle les ruines du temple d'Ammon, indices vénérables d'une ancienne civilisation. Aucune rosée, aucune pluie ne vient humecter cette surface déserte ni développer le germe de la vie des plantes dans le sein brûlant de la terre; car de toute sa superficie s'élèvent des colonnes d'air embrasé qui dissolvent les vapeurs, et engloutissent les nuées à leur rapide passage.

Partout où le désert s'approche de l'océan atlantique, comme entre Darah et le cap Blanc, l'air humide de la mer se précipite comme en torrens dans l'intérieur du pays pour remplir le vide occasionné par les courans d'air perpendiculaires; des brises fraîches de l'ouest vivifient les collines qui bordent le désert. Au milieu de ces parages que rend semblables à des prairies le varec qui couvre les eaux, quand le navigateur dirige sa route vers l'embouchure de la Gambie, se voyant tout-à-coup abandonné par le vent alisé de l'est (7), il devine le voisinage de ces sables où se réfléchit la chaleur dans une étendue sans bornes.

De légers troupeaux d'autruches et de gazelles, des hordes altérées de lions et de panthères remplissent cet espace immense de leurs combats trop inégaux. Quelques groupes d'îles, riches en sources, et nouvellement découvertes dans cette mer de sable, voyent leurs rives verdoyantes fréquentées par les essaims nomades des *Tibbos* et des *Tuaryks* (8), mais le reste du désert de l'Afrique ne peut être considéré comme habitable. Les peuples civilisés qui l'avoisinent, ne se hasardent à y pénétrer qu'à certaines époques périodiques. C'est

en suivant des routes fixées depuis
des milliers d'années d'une manière invariable par les relations
de commerce, que la longue cara-
vane marche de Tafilet à Tombut
ou du Fezzan au Darfour : entreprises hardies dont la possibilité
repose sur l'existence du chameau,
le navire du désert (9), comme
l'appellent les chroniques de l'o-
rient.

Ces plaines d'Afrique occupent
un espace près de trois fois égal à
celui de la mer Méditerrannée.
Elles sont situées sous le tropique
et dans son voisinage, et cette position détermine leur caractère.
Au contraire, dans la partie orien-

tale de l'ancien continent, le même phénomène géologique est particulier à la zone tempérée.

C'est sur le dos des montagnes centrales de l'Asie, entre l'Altaï et le Mustag (10), depuis la grande muraille de la Chine jusqu'au lac d'Aral, que s'étendent, dans une longueur de plus de deux milles lieues, les *steppes* les plus élevées et les plus vastes du monde. Quelques-unes sont des plaines couvertes d'herbes ; d'autres se parent de plantes salines, toujours vertes, grasses, et articulées. Un grand nombre brillent au loin d'efflorescences muriatiques qui se cristallisent en forme de *lichens* et qui couvrent le sol glaiseux de taches éparses semblables à de la neige nouvellement tombée.

Ces *steppes* Tatares et Mongoles séparent, des peuples encore grossiers du nord de l'Asie, la race des hommes anciennement civilisés, qui, depuis un temps immémorial, habitent le Thibet et l'Indoustan. Elles ont exercé aussi de l'influence sur les diverses destinées de l'espèce humaine. Elles ont refoulé la population vers le sud, intercepté les rapports des nations bien plus que les cîmes glacées de Sirinagor et de Gorka, et dans le nord ont opposé des barrières insurmontables à l'introduction de mœurs plus douces, et au génie créateur des arts.

Mais ce n'est pas seulement sous ces rapports que l'histoire doit considérer les plaines de l'intérieur de l'Asie. Elles ont plus d'une fois répandu sur toute la terre le malheur et la dévastation. Les peuples pasteurs qui les habitent, tels que les Avares, les Mongols, les Alains et les Uzes, ont ébranlé le monde. Si dans les temps anciens la première culture de l'esprit, comme la lumière vivifiante du soleil, a dirigé sa marche d'orient en occident; à une époque plus récente la barbarie et la grossièreté des mœurs, suivant la même direction, ont menacé de voiler l'Europe d'un nuage épais. Une race de pasteurs basanés (11), les Hiongnoux, habitoit sous des tentes de peau la steppe élevée de Gobi. Elle s'élança, impétueuse, des parties les plus reculées de l'est de l'Asie, et parut soudain, selon une tradition obscure, comme horde guerrière et sous le nom de Huns, d'abord sur le Wolga, puis en Pannonie, aux bords de la Loire, et enfin sur les rives du Pô, dévastant ces belles campagnes si richement plantées, où depuis le temps d'Anténor le travail de l'homme entassoit monumens sur monumens. Ainsi des déserts de la Mongolie s'échappa avec furie un souffle mortel qui vint étouffer sur le sol Cisalpin la fleur délicate des arts cultivée avec tant de soins pendant une longue suite de siècles.

Quittons les *steppes* salines de l'Asie, les bruyères de l'Europe ornées en été de fleurs rougeâtres abondantes en miel, et les déserts de l'Afrique dénués de plantes. Retournons aux plaines de l'Amérique méridionale, dont j'ai commencé à ébaucher le tableau.

L'intérêt que ce tableau peut inspirer à l'observateur, est purement celui qu'il tient de la nature. On n'y rencontre point d'oasis qui rappelle le souvenir d'anciens habitans, point de pierres taillées (12), point d'arbre fruitier devenu sauvage qui attestent les travaux de générations éteintes. Ce coin du monde, comme s'il étoit étranger aux destinées des hommes, et qu'il n'existât que pour le présent, est le théâtre de la vie libre des animaux et des plantes.

La *steppe* s'étend depuis la chaîne *côtière* des montagnes de Caraccas, jusqu'aux forêts de la Guayana ; depuis les monts de Merida où des sources sulfureuses et bouillantes sortent de dessous des neiges éternelles, jusqu'au grand Delta que l'Orénoque forme à son embouchure. Elle se prolonge au sud-ouest comme un bras de mer (13), au-delà des rives du Meta et du Vichada, jusqu'aux sources non visitées du Guaviare, ou même jusqu'à ce groupe de montagnes isolées, que les guerriers espagnols, par un jeu de leur active imagination, appelèrent le *Paramo de la summa Paz*, comme s'il étoit l'heureux séjour d'une paix perpétuelle.

Ce désert occupe un espace de plus de vingt mille lieues carrées. Le défaut de connoissances géographiques l'a quelquefois fait représenter comme s'étendant sans interruption jusqu'au détroit de Magellan; on ne faisoit pas attention aux chaînons (14) que les Andes envoient à l'est, et qui séparent les plaines boisées de l'Amazone, au nord, des *steppes* herbeuses de l'Apoure, et au sud de celles du fleuve de la

Plata. Celles-ci appelées *Pampas de Buenos - Ayres* égalent trois fois les *Llanos* en superficie. Leur étendue est si prodigieuse, qu'au nord elles sont bornées par des bosquets de palmiers, et au sud par des neiges éternelles. Les touyous, oiseaux de la famille des casoars, sont indigènes de ces pampas ; ainsi que des hordes de chiens devenus sauvages (15) qui vivent en société dans des antres souterrains, et qui souvent attaquent avec acharnement l'homme pour la défense de qui combattoient les auteurs de leur race.

Ainsi que le désert de Sahara, les Llanos, ou les plaines plus septentrionales de l'Amérique du sud, sont situées dans la zone torride. Deux fois chaque année, leur aspect change totalement ; tantôt nues comme la mer de sable de Lybie, tantôt couvertes d'un tapis de verdure comme les *steppes* élevées de l'Asie moyenne.

C'est un travail satisfaisant, et cependant difficile pour la géographie générale, de comparer la constitution physique des contrées les plus distantes, et de présenter en peu de lignes le résultat de cette comparaison. Des causes multipliées, et en partie encore peu développées (16) contribuent à diminuer la chaleur et la sécheresse dans le nouveau monde.

Le peu de largeur de ce continent découpé de mille manières,

sa prolongation vers les poles gla-
cés ; l'océan dont la surface non
interrompue est balayée par les
vents alisés ; l'applatissement de
la côte orientale ; des courans d'eau très-froide , qui se
portent depuis le détroit de Magellan jusqu'au Pérou ; de nombreuses chaînes de montagnes remplies de sources , et dont les sommets couverts de neige s'élèvent
bien au-dessus de la région des
nuages ; l'abondance de fleuves immenses qui , après des détours mul-
tipliés , vont toujours chercher les
côtes les plus lointaines ; des déserts non sablonneux et par conséquent moins susceptibles de s'im-
prégner de chaleur ; des forêts im-
pénétrables qui couvrent les plai-

nes de l'équateur remplies de rivières, et qui, dans les parties du pays les plus éloignées de l'océan et des montagnes, donnent naissance à des masses énormes d'eau qu'elles ont aspirées ou qui se forment par l'acte de la végétation; toutes cescauses produisent, dans les parties basses de l'Amérique, un climat qui contraste singulièrement par sa fraîcheur et son humidité avec celui de l'Afrique. C'est à elles seules qu'il faut attribuer cette végétation si forte, si abondante, si riche en sucs, et ce feuillage si épais qui forment les caractères particuliers du nouveau continent.

S'il est vrai que sur l'un des côtés de notre planète l'air est plus humide que sur l'autre, la comparaison de leur état actuel suffit pour résoudre le problème de cette inégalité. Le physicien n'a pas besoin de couvrir du voile de fables géologiques l'explication de pareils phénomènes, de supposer que ce n'est qu'à des époques différentes qu'a cessé sur notre planète la lutte destructrice des élémens, ou enfin d'avancer que, semblable à une île marécageuse, séjour des serpens et des crocodiles, l'Amérique n'est sortie du sein des eaux que longtemps après les autres parties du monde (17).

L'Amérique méridionale a, sans doute, une ressemblance frappante avec la péninsule sud-ouest de l'ancien continent, par sa forme, ses contours, et la direction de ses côtes. Mais la structure intérieure du sol, et la position relative des régions voisines occasionnent en Afrique cette aridité étonnante qui, dans un espace immense, s'oppose au développement de la vie organique. Les quatre cinquièmes de l'Amérique méridionale sont situés au-delà de l'équateur, et par conséquent dans un hémisphère qui, à raison de ses grandes masses d'eau, et par une infinité d'autres causes, est plus frais et plus humide (18) que notre hémisphère boréal; et c'est à celle-ci qu'appartient la partie la plus considérable de l'Afrique.

Les *steppes* de l'Amérique méridionale ou *llanos* ont, de l'est à l'ouest, trois fois moins d'étendue que les déserts de l'Afrique. Les premières sont rafraîchies par les vents alisés; les seconds, placés sous le même parallèle que l'Arabie et la Perse méridionale, ne sont visités que par des courans d'air qui ont passé sur de vastes régions d'où se réfléchit une chaleur brûlante. Déjà le respectable père de l'histoire, Hérodote, dont le mérite a été si long-temps méconnu, vraiment pénétré de ce sentiment qui porte à observer la nature en grand, a dépeint les déserts du nord de l'Afrique, ceux de l'Yémen, du Kerman, du Mekhran, (la *Gédrosie* des anciens) et même ceux du Moultan dans l'Inde antérieure, comme une seule mer de sable (19) continue.

A l'effet du souffle embrasé des
vents de terre, se joint encore en
Afrique, autant du moins que
nous la connoissons, le manque
de grands fleuves, de lacs, et de
hautes montagnes. On ne voit des
neiges éternelles que sur la partie
occidentale (20) de l'Atlas, dont la
chaîne rétrécie, aperçue de profil
par les navigateurs anciens, leur
parut une masse aérienne et isolée,
destinée à soutenir le ciel. Prolon-
gée à l'est jusqu'au Dakul, où fut
cette dominatrice des mers, Car-
thage dont les ruines même ont
disparu, et, formant, à peu de
distance des côtes, une chaîne,
barrière de la Gétulie, cette montagne arrête le vent frais du nord,

et les vapeurs qu'il a balayées à la surface de la Méditerrannée.

C'est probablement aussi au-dessus de la limite inférieure des neiges, que s'élèvent les Monts de la lune (21), *al komri*, dont on rapporte sans raison que de l'est à l'ouest ils forment une chaîne entre les plaines élevées de l'Habesh, (le Quito de l'Afrique,) et entre les sources du Sénégal. La *cordillère* de Lupata même , qui longe la côte orientale à Mosambique , comme les Andes serrent au Pérou la côte occidentale de l'Amérique , est couverte de glaces éternelles. Mais ces montagnes riches en sources, sont très-éloignées de l'é-norme désert qui s'étend depuis la

pente méridionale de l'Atlas jusqu'au Niger , dont les eaux cou-
lent vers l'Orient.

Ces causes réunies d'aridité et
de chaleur n'auroient peut-être
pas été suffisantes pour changer
le plateau de l'Afrique en une
affreuse mer de sable , si quelque
grande révolution de la nature ,
par exemple une irruption de
l'Océan , n'avoit pas enlevé à cette
surface les plantes et la terre
végétale qui la couvroient. Quelle
fut l'époque de cette catastrophe ?
Quelle force détermina cette irruption ? c'est ce qui est profondément caché dans la nuit des temps.
Peut-être fut-elle un effet du remous (22), de ce courant impétueux

qui pousse les eaux échauffées du golfe de Mexique au-delà du banc de Terre-Neuve, jusques sur les côtes de notre continent, et qui charrie les cocos des Antilles sur les rives de l'Irlande et de la Norvège. Encore aujourd'hui, au moins un des bras de ce courant se dirige des Açores au sud-est, et va frapper avec violence la côte occidentale du nord de l'Afrique. Tous les rivages de la mer, (et je citerai entr'autres ceux de la côte du Pérou, entre Coquimbo et Amotape) prouvent combien, dans les régions de la zone torride, où sous un ciel d'airain ni les *lécidées* ni aucun autre *lichen* (23) ne peuvent végéter, il s'écoule de siècles, et peut-être de milliers d'années avant que le sable mouvant commence à se couvrir de plantes.

Ces considérations expliquent comment, malgré leur ressemblance extérieure de forme, l'Afrique et l'Amérique offrent des différences si tranchées dans leur température relative, et dans le caractère de leur végétation. Quoique la *steppe* de l'Amérique méridionale ait une légère couche de terre végétale, quoiqu'elle soit arrosée périodiquement par des ondées de pluies, et ornée de graminées d'une végétation magnifique, elle n'a cependant pu engager les peuples voisins à abandonner les belles vallées de Caraccas, les bords de la

mer, ni le bassin immense de l'O-
rénoque, pour venir errer dans
une solitude privée d'arbres et de
sources. Aussi, à l'arrivée des premiers colons européens et africains,
la trouva-t-on presque inhabitée.

Les llanos sont, à la vérité, propres à la nourriture du bétail, mais
l'éducation des animaux qui donnent du lait (24) étoit entièrement
inconnue aux habitans primitifs
du nouveau continent. Aucun de
ces peuples ne cherchoit à mettre
à profit les avantages, que sous ce
rapport leur offroit la nature. Dans
les savannes du Canada occidental, et autour des ruines colossales
du palais des Aztèques, cette Pal-
myre de l'Amérique, qui s'élève

solitairement dans le désert auprès de la rivière de Gyla, on voit paître deux races indigènes d'animaux à cornes. Le moufflon aux longues cornes, souche primitive de notre mouton, erre sur les rochers calcaires, arides et pelés de la Californie. Les vigognes, les alpacas et les lamas, tous ressemblans au chameau, appartiennent à la péninsule méridionale. Mais ces animaux utiles ont, à l'exception du lama, conservé depuis des siècles leur antique liberté. L'usage du lait et du fromage est, ainsi que la possession et la culture des plantes céréales (25), un des traits distinctifs qui caractérisent les peuples de l'ancien monde.

Si quelques-uns ont passé par le nord de l'Asie sur la côte occidentale d'Amérique, et, craignant une température moins froide (26), ont prolongé les sommets élevés des Andes pour aller au sud, cette migration a eu lieu par des routes où ces voyageurs ne pouvoient transporter avec eux ni leurs troupeaux, ni leurs céréales. Peut-être cette tribu des Hiongnoux qui, selon les annales chinoises, disparut au nord de la Sibérie où son chef Punon l'avoit conduite, a-t-elle reparu au Mexique sous le nom de Tultèques ou d'Aztèques, comme d'autres tribus s'établirent en Pannonie sous le nom de Huns, et en Corée sous celui de Nouveaux-Japonois. Une hypothèse aussi hardie, et peu favorisée jusqu'à présent par la comparaison des langues (27), pourroit au moins expliquer ce manque surprenant de plantes céréales qui est particulier au nouveau continent; en effet, les habitans des *steppes* de l'Asie ne furent jamais agriculteurs.

La vie pastorale, cet intermédiaire bienfaisant qui attache les hordes nomades de chasseurs à un sol abondant en herbes, et qui les prépare à l'agriculture, n'étoit pas moins inconnue aux habitans primitifs de l'Amérique. C'est dans cette ignorance qu'on doit chercher la cause du défaut de population des *steppes* de l'Amérique méridionale. Aussi est-ce avec plus de liberté

que l'énergie de la nature s'y est dé-
veloppée dans une si grande variété
de formes organiques. Elle n'y a connu de bornes que celles qu'elle s'est
données, ainsi que dans la vie qu'elle
prodigue aux végétaux au sein des
forêts de l'Orénoque, où l'*hymenea*
et le laurier à tige gigantesque ne
redoutent pas la main destructrice
de l'homme, mais seulement les
circonvolutions vigoureuses des
plantes grimpantes qui les étouffent.
Les agoutis, les petits cerfs mouchetés, les tatous cuirassés qui,
semblables aux rats, se glissent
dans la retraite souterraine du
lièvre effrayé, des troupeaux de
cabiais indolens, des chinches
agréablement rayés par bandes,
mais dont l'odeur empeste l'air, le

grand lion sans crinière, les tigres du Brésil , assez robustes pour traîner au haut d'une colline le jeune taureau qu'ils ont tué, tous ces animaux et une multitude d'autres (28) parcourent la plaine dénuée d'arbres.

Habitable en quelque sorte pour eux seuls, elle n'auroit pu fixer aucune des hordes nomades qui, de même que les Hindoux, préfèrent la nourriture végétale, si des palmiers en éventail, les *mauritia,* n'y étoient pas dispersés çà et là. On connoît partout les qualités bienfaisantes de cet arbre de vie(29). Seul il nourrit, à l'embouchure de l'Orénoque, la nation indomptée des Guaranis, qui tendent avec art d'un tronc à l'autre des nattes tissues avec la nervure des feuilles du mauritia, et, durant la saison des pluies, où le Delta est inondé, semblables à des singes, vivent au sommet des arbres.

Ces habitations suspendues sont en partie couvertes avec de la glaise. Les femmes allument sur cette couche humide le feu nécessaire aux besoins du ménage; et le voyageur qui, pendant la nuit, navigue sur le fleuve, aperçoit des flammes à une grande hauteur.Les Guaranis doivent leur indépendance physique, et peut-être aussi leur indépendance morale, au sol mouvant et tourbeux qu'ils foulent d'un pied léger, et à leur sé·jour sur les arbres; république aérienne, où l'enthousiasme religieux ne conduira jamais un *stylite* américain (3o).

Le mauritia ne leur procure pas seulement une habitation sûre, il leur fournit aussi des mets variés. Avant que la tendre enveloppe des fleurs paroisse sur l'individu mâle, et seulement à ce période de la végétation, la moëlle du tronc recèle une farine analogue au sagou. Comme la farine contenue dans la racine du manioc, elle forme en se séchant des disques minces de la nature du pain. De la sève fermentée de cet arbre, les Guaranis font un vin de palmier doux et enivrant. Les fruits encore frais, recouverts d'écailles comme les cônes du pin, fournissent, ainsi que le bananier et la plupart des fruits de la zône torride, une nourriture variée, suivant qu'on en fait usage après l'entier développement de leur principe sucré, ou auparavant lorsqu'ils ne contiennent encore qu'une pulpe abondante. Ainsi nous trouvons, au degré le plus bas de la civilisation humaine, l'existence d'une peuplade enchaînée à une seule espèce d'arbre, semblable à celle de ces insectes qui ne subsistent que par certaines parties d'une fleur.

Depuis la découverte du nouveau continent, la plaine est devenue moins inhabitable. Pour faciliter les relations entre la côte et

la Guayane, on a bâti quelques villes (31) sur le bord des rivières de
la *steppe*, et on a commencé à élever des bestiaux dans les parties
encore plus reculées de cet espace
immense. On rencontre, à des
journées de distance les unes des
autres, des huttes isolées couvertes
de peaux, et dont les parties sont
réunies avec des courroies. Entre
elles on voit errer des troupeaux
innombrables de bœufs, de chevaux, et de mulets devenus sauvages. L'accroissement prodigieux
de ces animaux de l'ancien monde
est d'autant plus surprenant que
les dangers qu'ils ont à combattre
sous cette zone sont plus nom-
breux.

Lorsque , par l'effet vertical des rayons du soleil qu'aucun nuage n'arrête , l'herbe brûlée tombe en poussière , le sol endurci se crevasse , comme s'il étoit ébranlé par de violens tremblemens de terre. Alors, si des vents opposés viennent à se heurter à sa surface , et si leur choc propage le mouvement circulaire , la plaine offre un spectacle extraordinaire. Pareil à une vapeur, le sable s'élève au milieu du tourbillon raréfié et peut-être chargé d'électricité , tel qu'une nuée en forme d'entonnoir (32) , dont la pointe glisse sur la terre , et semblable à la trombe bruyante redoutée du navigateur expérimenté. Le ciel qui paroît abaissé ne jette qu'un demi-jour trouble

et livide sur la plaine désolée.
L'horizon se rapproche tout-à-coup.
Il resserre le désert et le cœur de
l'homme. Suspendu dans l'atmosphère qu'il voile d'un nuage épais,
le sable embrâsé et poudreux augmente la chaleur étouffante de l'air.
Au lieu de fraîcheur, le vent d'est
apporte une ardeur nouvelle en
charriant les émanations brûlantes
d'un terrain long temps échauffé.

Les flaques d'eau que protégeoit
le palmier dont le soleil a fané la
verdure, disparoissent peu-à-peu.
De même que dans les glaces du
nord les animaux s'engourdissent,
de même ici le crocodile et le boa,
profondément enfoncés dans la
glaise desséchée, s'endorment sans

mouvement. Partout l'aridité annonce la mort, et partout elle poursuit le voyageur altéré , déçu
par le jeu des rayons de lumière réfractés, qui lui présenteut
le fantôme d'une surface ondulée (34). Enveloppés de nuages
de poussière , tourmentés par la
faim et par une soif ardente, de
toutes parts errent les bestiaux et
les chevaux. Ceux-ci, le col tendu
dans une direction contraire à celle
du vent, aspirent fortement l'air
pour découvrir, par la moiteur de
son courant, le voisinage d'une fla-
que d'eau non entièrement éva-
porée.

Les mulets plus circonspects et
plus rusés cherchent à apaiser leur

soif d'une autre manière. Un végétal de forme sphérique, et portant de nombreuses cannelures, le melocactus, (35) renferme, sous son enveloppe hérissée, une moëlle très-aqueuse. Le mulet, à l'aide de ses pieds de devant écarte les piquans, approche ses lèvres avec précaution, et se hasarde à boire le suc rafraîchissant. Mais ce n'est pas toujours sans danger qu'il peut puiser à cette source végétale vivante. On voit souvent des animaux dont le sabot a été estropié par les piquans du cactus.

A la chaleur brûlante du jour succède la fraîcheur d'une nuit qui égale le jour en durée; mais les bestiaux et les chevaux ne goûtent

encore aucun repos. Des chauves-
souris monstrueuses les poursuivent pendant leur sommeil, se
cramponnent sur leur dos comme
des vampires, leur sucent le sang
et leur occasionnent des plaies pu-
rulentes, où s'établissent les hip-
pobosques, les mosquites, et une
foule d'autres insectes à aiguillon.
Telle est l'existence douloureuse
de ces animaux, dès que l'ardeur
du soleil a fait disparoître l'eau de
la surface de la terre.

Quand, après une longue sécheresse, s'approche enfin la saison
bienfaisante des pluies, soudain la
scène change (36) dans le désert. Le
bleu foncé du ciel, jusqu'alors sans
nuage, prend une teinte plus claire.

A peine reconnoît-on pendant la nuit l'espace obscur de la *Croix*, constellation du pôle austral. La légère phosphorescence des Nuées de Magellan perd son éclat. Les étoiles verticales de l'Aigle et du Serpentaire brillent d'une lumière tremblante, qui ne ressemble plus à celle des planètes. Il s'élève dans le sud des nuages isolés qui paroissent des montagnes éloignées. Les vapeurs s'étendent comme un brouillard sur tout l'horizon. Les coups de tonnerre annoncent dans le lointain la pluie vivifiante.

A peine la surface de la terre est-elle humectée, que le désert couvert de vapeurs se revêt de

Killingia, de *Paspalum* aux panicules nombreuses, et d'une infinité de graminées. A la lumière,
la sensitive herbacée développe
ses feuilles endormies, et salue
le soleil levant, comme les plantes aquatiques en ouvrant leurs
fleurs délicates, et les oiseaux par
leurs chants harmonieux. Les
chevaux et les bestiaux bondissent
dans la plaine, et jouissent de la
vie. Le jaguar agréablement mou-
cheté se cache dans l'herbe haute
et touffue ; par un saut léger, à
la manière des chats, il s'élance
comme le tigre d'Asie, pour saisir
les animaux au passage.

Quelquefois, si l'on en croit les
naturels, on voit sur le bord des

marais la glaise humide s'élever lentement en forme de mottes (37); puis on entend soudain un bruit violent comme celui de l'explosion de petits volcans vaseux : la terre soulevée s'élance en l'air comme une nuée. Celui à qui ce phénomène est connu, fuit dès qu'il s'annonce; car un monstrueux serpent aquatique, ou un crocodile cuirassé sort de son tombeau aux premières ondées de pluie et se réveille de sa mort apparente.

Les fleuves qui bornent la plaine au sud, l'Araca, l'Apure, et le Payara, se gonflent peu-à-peu. Alors la nature contraint à mener la vie des amphibies ces mêmes animaux qui , dans la première

moitié de l'année, mouroient de soif
sur un sol aride et poudreux. Une
partie du désert présente l'image
d'une vase mer intérieure (38). Les
jumens se retirent avec leurs pou-
lains sur les bancs élevés qui sortent de la surface des eaux comme
de longues îles. Chaque jour l'espace non inondé se rétrécit. Les
animaux pressés les uns contre les
autres et privés de pâturage, na-
gent long-temps çà et là, et trouvent une nourriture chétive dans
les panicules fleuries des graminées
qui s'élèvent au-dessus d'une eau
brunâtre et en fermentation. Beaucoup de jeunes chevaux se noient;
beaucoup sont surpris par le crocodile qui, de sa queue armée d'une
crête dentelée, leur fracasse les os,

puis les dévore. Souvent on voit des chevaux et des bœufs qui ; échappés à la voracité de ce féroce reptile, portent sur leurs cuisses les marques de ses dents pointues.

Ce spectacle rappelle involontairement à l'observateur attentif la facilité de se plier à tout, dont la nature prévoyante a doué certains animaux et certains végétaux. Le bœuf et le cheval, ainsi que les plantes céréales, ont suivi l'homme par toute la terre, depuis le Gange jusqu'au fleuve de la Plata, depuis la côte d'Afrique jusqu'aux plaines de l'Antisana plus élevées que le pic de Ténériffe (39). Ici, c'est le bouleau habitant du nord, là, le dattier qui mettent le bœuf fatigué à l'abri des rayons du soleil. La même espèce d'animaux qui, dans l'est de l'Europe, combat les ours et les loups, est sous un autre parallèle exposée aux attaques du tigre et du crocodile.

Ce ne sont pas seulement les crocodiles et les jaguars qui, dans l'Amérique méridionale, dressent des embûches au cheval. Cet animal a aussi parmi les poissons un ennemi dangereux. Les eaux marécageuses de Béra et deRastro (40), sont remplies d'anguilles électriques, dont le corps gluant, parsemé de taches jaunâtres, envoie de toutes parts et spontanément une commotion violente. Ces gymnotes ont cinq à six pieds de long; ils

sont assez forts pour tuer les animaux les plus robustes, lorsqu'ils
font agir à-la-fois et dans une direction convenable leurs organes,
armés d'un appareil de nerfs mul-
tipliés. A Uritucu on a été obligé
de changer le chemin de la *steppe*,
parce que le nombre de ces anguilles s'étoit tellement accru dans
une petite rivière, que tous les ans
beaucoup de chevaux frappés d'en-
gourdissement se noyoient en la
passant à gué. Tous les poissons
fuient l'approche de cette redoutable anguille. Elle surprend
même l'homme qui, placé sur
le haut du rivage, pêche à l'ha-
meçon ; la ligne mouillée lui
communique souvent la commotion fatale. Ici, le feu élec-

trique se dégage même du fond
des eaux.

La pêche des gymnotes procure
un spectacle pittoresque. Dans un
marais que les Indiens enceignent
étroitement, on fait courir des mulets et des chevaux, jusqu'à ce que
le bruit extraordinaire excite à l'at-
taque ces poissons courageux. On
les voit nager comme des serpens
sur la superficie des eaux, et se
presser adroitement sous le ventre
des chevaux. Plusieurs de ceux-ci
succombent à la violence des coups
invisibles ; d'autres haletans, la crinière hérissée , les yeux hagards,
étincelans et exprimant l'angoisse,
cherchent à éviter l'orage qui les
menace, mais les Indiens, armés

de longs bambous, les repoussent au milieu de l'eau.

Peu-à-peu l'impétuosité de ce combat inégal diminue. Les gymnotes fatigués se dispersent comme des nuées déchargées d'électricité; ils ont besoin d'un long repos et d'une nourriture abondante pour réparer ce qu'ils ont dissipé de force galvanique. Leurs coups de plus en plus foibles donnent des commotions moins sensibles. Effrayés par le bruit du piétinement des chevaux, ils s'approchent craintifs du bord du marais; là on les frappe avec des harpons; puis on les entraîne dans la *steppe* au moyen de bâtons secs et non conducteurs du fluide.

Tel est le combat surprenant des chevaux et des poissons. Ce qui forme l'arme vivante et invisible de ces habitans de l'eau; ce qui, développé par le contact de parties humides (41) et hétérogènes, circule dans les organes des animaux et des plantes; ce qui dans les orages embrase la voûte du ciel; ce qui lie le fer au fer, et détermine la marche tranquille et rétrograde de l'aiguille aimantée, découle d'une même source, comme les couleurs variées du rayon réfracté : tout se réunit dans une force unique et éternelle qui anime la nature, et règle les mouvemens des corps célestes.

Je pourrois terminer ici le tableau physique du désert que j'ai tenté d'esquisser. Mais de même que sur l'océan notre imagination aime à s'occuper de l'image des côtes éloignées, de même avant que le désert échappe à notre vue, jetons un coup-d'œil rapide sur les régions qui l'environnent.

Le désert du nord de l'Afrique sépare deux races d'hommes, qui originairement appartiennent à la même partie du monde, et dont la lutte toujours subsistante paroît être aussi ancienne que la fable d'Osiris et de Typhon (42). Au nord de l'Atlas vivent des hommes à cheveux longs et non crépus, ayant le teint jaunâtre et les traits des habitans du Caucase. Au sud du Sénégal et du

côté du *Soudan*, on trouve des peuplades de nègres parvenues à dif-
férens degrés de civilisation. Dans
l'Asie moyenne, les *steppes* de la
Mongolie sont la ligne de démar-
cation entre la barbarie de la Sibérie, et l'antique civilisation de
l'Indoustan.

Les plaines de l'Amérique sont
aussi la borne où s'arrête le domaine
de la demi-civilisation européenne (43). Au nord, entre la chaîne des
montagnes de Venezuela et la mer
des Antilles, on rencontre, pressés
les uns contre les autres, des villes
industrieuses, des villages char-
mans, et des champs soigneusement cultivés. Le goût des arts

et des sciences y est même développé depuis long-temps.

Au sud, la steppe est entourée par
une solitude sauvage et effrayante.
Des forêts âgées de milliers d'années, et d'une épaisseur impénétra-
ble, remplissent la contrée humide
située entre l'Orénoque et le fleuve
des Amazones. Des masses immenses de granit, couleur de
plomb (44), rétrécissent le lit des
rivières écumeuses. Les montagnes
et les forêts retentissent incessam-
ment du fracas des cataractes,
du rugissement des jaguars, et
des hurlemens sourds (45) du singe
barbu qui annonce la pluie.

Dans les endroits où les eaux

plus basses laissent un banc à découvert, un crocodile est étendu
sans mouvement comme un rocher et la gueule béante. Son corps
écailleux est souvent couvert d'oiseaux (46).

Le boa à peau tigrée, la queue
attachée à un tronc d'arbre, et
le corps roulé sur lui-même, sûr
de sa proie, se tient en embuscade
sur la rive. Il se déploie avec
promptitude pour saisir au passage le jeune taureau ou quelque
animal plus foible; après l'avoir
enveloppé d'une humeur visqueuse, il le fait entrer avec effort dans
son gosier dilaté (47).

Au milieu de cette nature grande

et sauvage vivent des peuples de races et de civilisation diverses. Quelques - uns séparés par des langages dont la dissemblance est étonnante, sont nomades, entièrement étrangers à l'agriculture, se nourrissent de fourmis, de gomme et de terre (48), et sont le rebut de l'espèce humaine ; tels sont les Otomaques et les Jarures. D'autres, comme les Maquiritains et les Makos, ont des demeures fixes, vivent des fruits qu'ils ont cultivés, ont de l'intelligence et des mœurs plus douces. De vastes espaces entre le Cassiquiare et l'Atabapo ne sont habités que par des singes réunis en société et par des tapirs. Des figures gravées sur des rochers (49) prouvent que jadis cette solitude a été le séjour d'un peuple parvenu à un certain degré de civilisation ; elles attestent les vicissitudes qu'éprouve le sort des peuples, de même que la forme des langues qui appartiennent aux monumens les plus durables de l'histoire des hommes.

Dans la *steppe*, c'est le tigre et le crocodile qui combattent le cheval et le taureau ; sur ses bords garnis de forêts, et dans les régions sauvages de la Guyana, c'est l'homme qui est perpétuellement armé contre l'homme. Là, avec une avidité féroce, des peuplades entières boivent le sang de leurs ennemis ; d'autres les égorgent non armés en apparence, mais préparés au meurtre (5o) par le poison dont est enduit l'ongle de leur pouce. Les hordes les plus foibles, lorsqu'elles entrent dans la région des sables, effacent soigneusement avec leurs mains la trace de leurs pas timides.

Ainsi l'homme se prépare à lui-même une vie inquiète et orageuse, soit que sa grossièreté tienne encore à celle des animaux, soit que l'éclat apparent de la civilisation lui assigne le degré le plus élevé. Le voyageur qui parcourt le globe, l'historien qui s'enfonce dans la nuit des âges, rencontrent sans cesse le tableau uniforme et désolant des dissensions de l'espèce humaine.

C'est pourquoi celui qui, au milieu des discordes des peuples, cherche à reposer son esprit, porte volontiers ses regards sur la vie paisible des plantes et étudie les ressorts mystérieux qui meuvent l'univers ; ou bien, se livrant à cette noble impulsion dont le cœur de l'homme fut toujours animé, par un pressentiment secret il porte la vue vers les astres qui obéissant aux lois immuables de l'harmonie, poursuivent leur carrière éternelle.

ECLAIRCISSEMENS

ET

ADDITIONS.

(1) *Le lac de Tacarigua*, p. 5.

Lorsque l'on pénètre dans l'intérieur du continent de l'Amérique méridionale, depuis la côte de Caraccas ou de Venezuela, située sous le dixième parallèle nord, jusqu'aux frontières septentrionales du Brésil, sous la ligne, on traverse d'abord une chaîne de montagnes très-haute dirigée de l'ouest à l'est; ensuite la grande steppe déserte et dénuée d'arbres (ou la plaine appelée llanos), qui s'étend depuis le pied des montagnes côtières jusques sur la rive gauche de l'Orénoque; puis la ligne montueuse appelée Sierra de la Parime, qui occasionne les cataractes d'Atures et de Maypure, et court entre les sources du Rio Esquibo et du Mao vers la Guiane françoise; enfin une partie de la plaine boisée où le Rio Negro et l'Amazone ont formé leur lit. Celui qui voudra approfondir davantage ces rapports géographiques, pourra jeter un coup-d'œil sur la carte de la Cruz Olmedilla, qui en a produit tant de plus récentes, et qui cependant, d'après mes observations astronomiques pour déterminer la position des lieux, doit subir des changemens essentiels. La chaîne côtière de Venezuela s'étend depuis les montagnes de Sainte-Marthe, couvertes de neige et situées à l'ouest de Carthagène des Indes, jusqu'au cap de Paria; leur hauteur moyenne n'est pas au-delà de 700 toises. Cependant quelques sommets isolés, tels que celui nommé Silla de Caraccas ou Cerro de Avila, orné de befaria, s'élèvent à 1316 toises au-dessus du niveau de la mer. Le rivage de la Terre-ferme porte partout des traces de dévastation. On reconnoît partout l'effet de l'action du grand courant qui se dirige d'orient en occident, et qui, après avoir morcelé les îles Caraïbes, a creusé le golfe des Antilles. Les langues de terre d'Araya et de Chuparipari, et surtout la côte entre Cumana et la Nueva Barcelona, offrent au géologue un aspect très-remarquable. Les îles de Boracha, de Caraccas et de Chimanas sortent de la mer comme des tours, et attestent la redoutable puissance des flots destructeurs sur la chaîne de montagnes décharnée. Peut-être la mer des Antilles fut-elle jadis, comme la Méditerranée, une mer intérieure qui soudainement se réunit à l'Océan. Les îles de Cuba, de Saint-Domingue et de la Jamaïque renferment encore les restes des hautes montagnes de schiste micacé qui bornoient cette mer dans le nord. C'est une chose frappante que, dans les points où ces trois îles sont le plus rapprochées les unes des autres, se trouvent les cimes les plus élevées. On pourroit supposer que le principal noyau de cette chaîne de montagnes étoit situé entre le cap Tiburon et la pointe Morant. Les montagnes de cuivre (montañas de cobre) près de Saint-Yago de Cuba n'ont pas encore été mesurées ; mais elles sont vraisemblablement plus élevées que les montagnes bleues de la Jamaïque, dont la hauteur surpasse celle du passage du Saint-Gothard. J'ai développé mes conjectures sur la forme du lit de l'Océan

atlantique et sur l'ancienne jonction des continens, dans un mémoire composé à Cumana, intitulé : Fragment d'un tableau géologique de l'Amérique méridionale,
et inséré dans le Journal de physique de messidor an 9.

La partie septentrionale et cultivée de la province de Caraccas
est un pays de montagnes. La
chaîne le long de la côte est par-
tagée, comme les Alpes de la Suisse,
en plusieurs rangées ou chaînons
qui renferment des vallées allongées. La plus célèbre est la vallée
d'Aragua, qui produit en abondance de l'indigo, du sucre, du
coton, et, ce qui est plus surprenant, le froment européen. L'ex-

trémité méridionale de cette vallée est bornée par le beau lac de Valencia, dont le nom indien est Tacarigua. Le contraste qu'offrent ses deux rives lui donnent une ressemblance étonnante avec le lac de Genève. A la vérité, les montagnes désertes de Guigue ont un caractère moins sévère que les Alpes de la Savoie, mais le côté opposé, couvert de forêts de bananiers, de mimosa et de triplaris, surpasse en beauté pittoresque les vignobles du pays de Vaud. Le lac a à-peu-près huit milles géographiques de longueur; il est rempli de petites îles qui prennent de l'accroissement, parce que la quantité des eaux affluentes n'égale pas celle des eaux qui s'évaporent.

Depuis quelques années, des bancs de sable sont presque devenus des îles : on leur donne le nom de las aparecidas, qui est très-convenable, car il signifie îles nouvellement vues. Dans l'île de Cura, on cultive l'espèce remarquable de solanum dont les fruits sont bons à manger, et que M. Wildenow a décrit sous le nom de solanum Humboldti (Hort. Berol. Fasc. 11). L'élévation du lac au-dessus du niveau de la mer est de 204 toises. Il offre les scènes les plus belles et les plus agréables que j'aie vues dans tous les pays que j'ai parcourus. En nous y baignant, M. Bonpland et moi, nous étions souvent effrayés par l'aspect du bava, espèce non décrite de crocodile long de trois à quatre pieds, d'une figure horrible, mais qui ne fait pas de mal à l'homme. Nous avons trouvé dans le lac de Valencia un typha entièrement identique avec l'espèce européenne appelée angustifolia, fait singulier et très-important pour la géographie des plantes. Dans les vallées d'Aragua voisines du lac, on cultive les deux variétés de canne à sucre, la commune appelée canna creolia, et la canne de Taïti, nouvellement apportée des îles du grand Océan. Celle-ci est d'un vert plus tendre et plus agréable; de sorte qu'à une grande distance on distingue facilement un champ planté en cannes de Taïti. Cook et Forster ont les premiers fait connoître ce végétal;

mais on voit dans le Traité de Forster sur les plantes du grand Océan utiles pour la nourriture, qu'ils n'ont pas assez connu la valeur de cette précieuse production. L'intrépide et infortuné capitaine Bligh apporta la canne à sucre de Taïti et l'arbre à pain à la Jamaïque, d'où ils furent transportés à Saint-Domingue, à Cuba, à la Trinité, et de cette dernière île si proche du continent, la nouvelle canne est arrivée sur la côte de Caraccas; elle est devenue pour ce pays un objet plus important que l'arbre à pain, qui ne fera pas renoncer à un végétal aussi bienfaisant et aussi abondant en substance nutritive que le bananier. La canne de Taïti contient plus de suc, et, sur une surface égale de terrain, elle donne un tiers de plus de produit que la canne commune, dont la tige est plus mince, dont les articulations sont plus rapprochées, et que l'on suppose venir de l'orient de l'Asie. Dans les îles Antilles, où l'on commençoit à éprouver une grande disette de combustibles, puisqu'à Cuba on chauffe les chaudières à sucre avec du bois d'oranger, la nouvelle canne est d'autant plus intéressante que sa tige exprimée (bagasso), est plus compacte et plus ligneuse. Si son introduction dans les Antilles n'étoit pas arrivée à la même époque où commença la guerre sanglante des nègres à Saint-Domingue, le prix du sucre auroit atteint en Europe un taux encore plus élevé que celui où l'ont porté la destruction des sucreries et du commerce. Une question importante se présente; savoir si la canne de Taïti, arrachée à son sol natal, ne dégénérera pas insensiblement, et ne deviendra pas entièrement semblable à la canne commune. L'expérience apprend que cette dégénération, si elle a lieu, est à peine sensible dans un laps de six ans. Dans l'île de Cuba, une cavalleria, ou superficie de 34,969 toises carrées, rend 870 quintaux de sucre lorsqu'elle est plantée en canne de Taïti. Celle-ci produit la moitié des 250 mille caxas ou du million pesant de quintaux de sucre qu'exporte aujourd'hui l'île de Cuba. Il est

assez singulier que ce végétal intéressant des îles du grand Océan soit
précisément cultivé dans la partie
des colonies espagnoles les plus éloignées de cette mer. On se rend en
vingt-cinq jours du Pérou à Taïti, et
cependant la canne à sucre de cette
île est encore inconnue au Pérou et au Chili. Les habitans de
l'île de Pâques, qui éprouvent une
grande disette d'eau douce, boivent le jus de la canne à sucre, et,
ce qui est un phénomène très-remarquable en physiologie, l'eau de
la mer. La canne d'un vert clair et
à tige épaisse, est généralement cultivée dans les îles des Amis, de la
Société et de Sandwich.

Outre les deux espèces de can-

ne dont nous venons de parler,
on en cultive encore en Amérique
une troisième, qui est rougeâtre,
et qui vient de la côte d'Afrique :
on la nomme canna de Guinea,
elle contient un peu de suc de plus
que la commune ; on assure que celui qu'elle rend présente plus d'a-
vantages pour la fabrication du
rhum.

·Dans la province de Caraccas, le
vert clair de la canne de Taïti
contraste agréablement avec l'ombre épaisse des cacaotiers. Peu
d'arbres des tropiques ont un feuillage aussi touffu que le theobroma
cacao. Cette belle plante aime les
vallées chaudes et humides. L'extrême fertilité du sol et l'insalubrité

de l'air sont, dans l'Amérique et dans l'Asie méridionales, deux circonstances inséparables. On observe que plus la culture d'un pays augmente, que plus les forêts diminuent, et que plus le climat et le sol deviennent secs, moins aussi les plantations de cacao réussissent. Elles deviennent moins nombreuses dans la province de Caraccas, tandis qu'elles augmentent rapidement dans les provinces plus orientales de la Nueva Barcelona et de Cumana, et surtout dans la contrée boisée et humide située entre Cariaco et le golfe Triste.

(2) *Des bancs*, p. 7.

Les *llanos* de Caraccas sont

couvertes de grès de formation ancienne, qui partout s'étend en couches presque horizontales. Lorsqu'en sortant des vallées d'*Aragua* on descend le chaînon le plus méridional des montagnes côtières de *Guigue* et de *Villa de Cura*, pour aller à *Parapara*, on trouve le bord de la grande plaine marqué par de petites collines d'amygdaloïde, de diabase et de porphyre phonolithique. Des rochers célèbres et de forme grotesque, les *Morros de San-Juan*, forment une espèce de *Mur du diable*. Mais ils sont situés sur le penchant des montagnes, et non dans les llanos même, comme le prétendent les habitans de la côte. Ainsi on doit moins les considérer comme des îles de l'ancien golfe, que comme une partie de la chaîne côtière. J'appelle les llanos un golfe, parce que si l'on fait attention à leur peu d'élévation au-dessus du niveau actuel de la mer, à leur forme appropriée au mouvement de rotation du courant, enfin à l'applatissement de la côte orientale vers l'embouchure de l'Orénoque, on ne peut révoquer en doute que jadis la mer n'ait rempli tout le bassin situé entre la chaîne côtière et la *Sierra de la Parime*, et à l'ouest n'ait battu le pied des montagnes de *Merida* et de *Pamplona*. De plus, la pente ou l'abaissement des llanos est dirigée de l'ouest à l'est. Leur élévation à Calabozo, à cent milles de la mer,

est à peine de trente toises. Leur
superficie est tellement parallèle à
l'horizon, que dans des espaces de
plus de trente milles carrés, on
ne trouve pas un point qui paroît
élevé d'un pied au-dessus d'un
autre point. Si on ajoute le manque total d'arbustes, et même dans
la *Mesa de Pavones* le défaut
de palmiers isolés, on peut se faire
une idée du singulier aspect qu'offre cette surface plane, déserte et
semblable à celle de la mer. Aussi
loin que s'étend la vue, elle ne
peut se reposer sur aucun objet
élevé de quelques pouces. L'état
des couches inférieures de l'air, le
jeu de la réfraction de la lumière,
et les bornes de l'horizon toujours
indéterminées et mobiles comme

les vagues, empêchent seules qu'on ne prenne hauteur par un instrument de réflexion sur le bord de la plaine, comme à l'horizon de la mer. Cette disposition, parfaitement horizontale de l'ancien lit de la mer, rend l'existence de ces *bancs* plus surprenante. Ce sont des couches horizontales fracturées, qui s'élèvent à deux ou trois pieds au-dessus de la roche qui les entoure, et qui s'étendent uniformément dans une longueur de 10 à 12 milles géographiques. Ils donnent naissance aux petites rivières de la *steppe*. En revenant du Rio-Negro, lorsque nous traversions les *llanos* de Barcellona, nous rencontrâmes de fréquentes traces d'éboulemens de terre. Au lieu des bancs élevés, nous vîmes des couches gypseuses isolées, plus profondes de 3 à 4 toises que la roche voisine. Plus loin à l'ouest, près de la jonction du Caura avec l'Orénoque, un grand espace couvert de bois, auprès de la mission de Saint Pierre d'Alcantara, s'enfonça lors du tremblement de terre de 1790. Il s'y forma un lac qui a plus de trois cents toises de diamètre. Les arbres élevés, tels que les *desmanthus*, les *hymenea* et les *uvaria*, conservèrent long-temps sous l'eau leurs feuilles et leur verdure.

(3)*Leur image tremblante paroît doublée*, p. 7.

L'aspect lointain des *steppes*

surprend d'autant plus, que dans l'épaisseur des forêts on a été plus habitué à un horizon resserré, et à la vue d'une nature richement parée. Ce sera pour moi une impression ineffaçable que celle que me firent éprouver les *llanos*, lorsque, à notre retour de l'Oré-noque supérieur, nous les revîmes pour la première fois dans un grand éloignement, du haut d'une montagne voisine du *Capucino*, vis-à-vis l'embouchure du *Rio-Apure*. Le soleil venoit de se coucher. La steppe nous parut bombée comme un hémisphère. Les astres qui se levoient se réfléchissoient dans la couche la plus basse des vapeurs. Car, lorsque la plaine a été extraordinairement échauffée par l'effet des. rayons perpendiculaires du soleil, le jeu de la réfraction de la chaleur et du courant d'air qui s'élève, dure même pendant la nuit.

(4) *Une seule espèce de plantes dont la végétation étouffe celle des autres*, p. 9.

Voyez la note 19, et ma Géographie des plantes, p. 17.

(5) *Aux savanes du Missouri*, pag. 9.

Depuis la pente occidentale de l'Alléghany jusqu'aux rives du grand océan, ou au moins jusqu'à la chaîne escarpée des *Stony Mountains*, visitée par Mackenzie, et où les fleuves Columbia et Unjigah ou de *la Paix*, prennent leur sources, chaîne qui vraisemblablement tient aux Cordillères du Mexique par la *Sierra de Timpanogos* et par la *Sierra de la Grulla*, toute la partie du nord de l'Amérique septentrionale est une vaste plaine, remplie de couches secondaires de pierre calcaire du Jura, de sel gemme et de grès. Depuis le Rio-del-Norte, que les États-Unis d'Amérique voudroient regarder comme la limite qui sépare le Mexique de la Louisiane, jusqu'au Missouri et au Rio-Colorado de Nachitos, s'étendent de riches savanes, où paissent des troupeaux de bisons (bos americanus) aux petites cornes, qui

pèsent quelquefois deux mille li-
vres, et des bœufs musqués (bos
moschatus.) Ces deux animaux, les
plus grands du nouveau monde,
servent à la nourriture des sauvages nomades *Apaches-Llaneros*
et *Apaches-Lipanos.* Le bison,
appelé *cibolo* par les Mexicains,
n'est recherché que pour sa langue, mets très-délicat. Ce n'est
peut-être qu'une variété de l'*urus*
de l'ancien monde. Ne trouve-t-
on pas en effet, sur les deux continens, comme une preuve de leur
ancienne union, et les hommes
trapus des régions polaires, et
plusieurs espèces d'animaux, telles que la renne et l'élan ? Les
Mexicains donnent, en dialecte
aztèque, le nom d'*oquichqua-*

quave au bœuf européen, ce qui signifie animal cornu, du mot *quaquavitl*, corne. Les cornes monstrueuses qu'on a trouvées dans de vieux édifices mexicains près de Cuernavaca, au sud-ouest de Mexico, me paroissent appartenir au bœuf musqué. On peut apprivoiser le bison canadien, et le rendre propre à l'agriculture. Il produit avec le bœuf d'Europe ; mais on ne sait pas encore si cette race mélangée est féconde et peut se propager. La nourriture favorite du bison est le *tripsacum dactyloïdes*, plante graminée appelée *buffalo-gras* (herbe au bison), dans la Caroline du nord, et une espèce de treffle voisine du *trifolium repens*, que M. Barton a distinguée par le nom de *trifolium bisonicum* (*buffalo clover*), treffle du bison.

(6) *Voisin des monts basaltiques d'Harutsch*, p. 10.

En Egypte, auprès des lacs de Natron (Birket al Deuara) situés non loin du château ruiné de Kasr, et qui du temps de Strabon n'étoient pas encore divisés en six réservoirs, s'élève une chaîne de collines escarpées ; elles se dirigent d'orient en occident, au-delà du Fezzan, où elles paroissent se réunir à l'Atlas. Elles séparent dans le nord-est de l'Afrique, comme l'Atlas dans le nord-ouest, la Lybie d'Hérodote habitée et voisine de la mer, du pays des Berbères ou Biledulgerid, fécond en animaux. Sur les confins de l'Égypte moyenne, toute la région, au sud du trentième parallèle, est une mer de sable, où l'on ne trouve que trois oasis, ou îles riches en sources et en végétaux ; la plus septentrionale de ces oasis, la troisième des anciens, étoit le nome ammonique, état gouverné par la caste des prêtres, et lieu de repos pour les caravanes ; elle renfermoit le temple de l'Ammoun cornu (*a*) et le puits du soleil, dont l'eau devenoit plus fraî-

(*a*) Diodore distingue le temple situé dans le fort, du temple de la forêt, près du puits du Soleil. (Diod. edit. Wessel. p. 589.)

che à certaines époques périodiques. D'après les recherches de Brown et d'Hornemann, l'oasis de Siwa, féconde en dattes, en bananiers, en pêches, en grenades et en olives, est l'*Ammonium* des anciens. Les ruines d'Ummibida appartiennent incontestablement au · caravanserai fortifié du temple d'Ammon, et par conséquent aux plus anciens monumens de la première civilisation humaine qui soient parvenus jusqu'à nous.

Le mot oasis est égyptien, et a la même signification qu'Auasis et Hyasis (*a*). Abulfeda appelle l'oasis

(*a*) Strabon, l. XVII, p. 1140. ed. Almeloveen. — Herodote, l. III. p. 207. ed. Wessel.

al-wahat. Sous les derniers empereurs romains, on envoyoit les malfaiteurs dans les oasis. On les exiloit dans les îles de la mer de sable, de même que les Anglois et les Espagnols les déportent aujourd'hui à la Nouvelle-Hollande et aux îles Malouines. Il est plus facile de s'échapper par l'océan, que par le désert qui entoure les oasis. Leur fertilité diminue par l'empiétement (*a*) progressif des sables.

La petite montagne d'Harutsch est composée de collines de basalte de forme grotesque. Suivant

(*a*) Voyez la nouvelle édition allemande de l'ouvrage de M. *Heeren*, Idées sur la politique, etc. vol. 11. p. 523.

Rennel, c'est le *mons ater* de
Pline. Ce basalte, dans un calcaire
du Jura, me paroît analogue à celui du Vicentin. La nature répète
le même phénomène dans les régions les plus distantes. Hornemann
trouva dans ce calcaire du Jura
d'Harutsch une quantité prodigieuse de têtes de poissons pétrifiées.
Les minéralogistes modernes ont
trouvé en Égypte de la syenite et du
diabase primitif, mais point de basalte. Les Égyptiens auroient-ils tiré
de ces montagnes, situées à l'ouest
de leur pays, le véritable basalte
qui leur a servi à faire ces vases et
ces statues que l'on trouve encore
aujourd'hui ? Y auroit-il aussi dans
ces régions de la pierre obsidienne,
ou bien faut-il chercher le basalte

et la pierre obsidienne auprès de la mer rouge?

(7) *Se voyant tout-à-coup abandonné par le vent alisé de l'est,* pag. 11.

Un phénomène remarquable, mais généralement connu des navigateurs, c'est que, dans les parages voisins de la côte d'Afrique, entre les îles Canaries et du Cap-Verd, et particulièrement entre le cap Bojador et l'embouchure du Sénégal, le vent d'ouest se fait sentir au lieu du vent d'est ou alisé, qui est général entre les tropiques. La vaste étendue du désert de Sahara est la cause de ce vent. L'air se raréfie au-dessus de cette surface de sable échauffé, et s'élève en direction perpendiculaire. L'air de la mer se précipite vers la terre pour remplir cet espace raréfié, et produit ainsi, le long de cette partie de la côte occidentale d'Afrique, un vent d'ouest contraire aux navires destinés pour l'Amérique. Les marins, sans voir le continent, éprouvent l'effet du sable qui réfléchit la chaleur rayonnante. C'est la même cause qui produit le changement des brises de terre et de mer, qui, sur toutes les côtes, soufflent alternativement à des instans déterminés du jour et de la nuit.

Près des îles du Cap-Vert, la mer est couverte d'une quantité prodigieuse de varec (fucus natans). On voit d'autres amas de varec dans des parages plus au nord-ouest, presque sous le méridien des îles Açores *Cuervo* et *Flores*, entre les vingt troisième et trente-cinquième parallèles nord. Les anciens connoissoient ces parages, semblables à des prairies. « Des navires phéniciens, dit « Aristote *(a)*, poussés par le vent

(*a*) Aristot. de mirabilibus, p. 1157. ed. de Duval. Paris.

Dans ce passage important, il n'est pas question des îles du Cap-Vert, mais d'un endroit peu profond, situé vers le trente-quatrième ou trente-sixième parallèle. « Le varec, dit Aristote, est mis à découvert par le reflux, et le flux le recouvre ». Ces bas-fonds ont-ils disparu par quelque révolution

« d'est, arrivèrent, après une navi-
« gation de trente jours, dans un
« endroit où la mer étoit cou-
« verte de roseaux et de varec
($\vartheta\rho\nu\sigma\nu$ $\kappa\alpha\iota$ $\varphi\nu\kappa\sigma\varsigma$) ». Quelques personnes pensoient que cette abon-
dance de varec étoit un phénomène
qui prouvoit l'ancienne existence
de l'Atlantide engloutie. Il paroît
que du temps de Christophe
Colomb ces faits étoient oubliés ;
car ses compagnons furent saisis
d'effroi en voyant si abondante en
plantes cette partie de la mer que
les Portugais appeloient *mar de
Sargasso.* Les parages couverts de

volcanique ; ou bien sont-ce les rochers vus au nord de Madère par
le capitaine Vobonne ?

varec aux environs des îles du Cap-
Vert sont décrits dans le périple de
« Scylax *(a)*. La mer au-delà de
« Cerne, n'est plus navigable à
« cause de son peu de profondeur,
« des marécages et des varecs. Le
« varec a une coudée d'épaisseur;
« son extrémité supérieure est
« pointue et piquante ». Si Cerne,
comme le suppose le célèbre anti-
quaire M. Idler, est Arguin, ce passage du périple de Scylax a rapport
aux îles du Cap Vert.

(8) *Les essaims nomades des
Tibbos et des Tuaryks*, p. 12.

Ces deux peuplades habitent le

(*a*) Ed. de Gronovius. P. 126.

désert entre le Fezzan et la basse Égypte. C'est Hornemann qui, le premier, les a fait connoître. Les Tibbos ou Tibbous errent dans l'est, et les Tuaryks dans l'ouest de la grande mer de sable. On distingue deux races de ceux-ci; celle d'Aghades et celle de Tagazi. Ils parlent la même langue que les Berbères, et appartiennent incontestablement aux habitans primitifs de la Lybie. Ils offrent un phénomène physiologique bien remarquable; car quelques-unes de leurs tribus sont, suivant la nature du climat, blanches, jaunâtres, ou presque noires; mais sans avoir les cheveux crépus, ni les traits nègres.

(9) *Le navire du désert*, p. 13.

Dans les poésies orientales, le chameau est appelé le navire de terre ou du désert. — Voyez le Voyage de Chardin, t. 11, p. 192.

(10) *Entre l'Altaï et le Mustag*, p. 14.

Le plateau des montagnes de l'Asie, qui renferme la petite Bukarie, le Turkestan, le petit Thibet et le pays des hordes kalmoukes, tatares et éluthes, est situé entre les trente-unième et quarante-huitième parallèles nord. La chaine de l'Altaï comprend toutes les montagnes entre l'Yrtisch et le Jeniseï. Au sud, on trouve les monts Alak, qui se réunissent à

l'Altaï par le chaînon de Bogdo;
plus loin, à l'ouest de Cashgar, où
les Romains avoient un établisse-
ment pour commercer avec les
Sères, est le Mustag *(a)* de Strah-
lenberg, qui sépare la petite Bukarie du Thibet; ensuite viennent la
chaîne d'Hindou-Koh et de Kelash,
et enfin les monts Himala ou Hi-
malek, qui enceignent comme d'un

(a) Le Mustag, selon Rennel (Description de l'Indostan — Atlas pl.
16.) sépare la Scythie extra et intra
Imaum. En tatare, *mus*, signifie
neige, et *tag*, montagne. Les Chinois
appellent cette partie montueuse de
l'Asie moyenne *Siucschan*, qui veut
dire aussi montagne couverte de
neige.(De Guignes, hist. des Huns.
t. 1. p. 4.)

mur le pays de Cachemire. Ils font partie de l'Imaüs, sur l'étendue duquel les anciens avoient des idées obscures, quoiqu'en apparence systématiques. Selon Laxmann, le petit Altaï n'a que mille quatre-vingt-treize toises d'élévation. Mais de toutes ces chaînes de montagnes, quelle est la plus haute? L'Himalah, à l'ouest de Sirinagor ou, est couvert de neiges éternelles ; ce qui, d'après sa latitude, n'exige guère qu'une élévation peu supérieure à celle de l'Etna, c'est-à-dire environ mille huit cents toises. Est-ce l'Himalah qui forme réellement la chaîne centrale et la plus élevée, ou cède-t-il sur ce point au Mustag et au Musart? Ce dernier traverse, selon Pallas, le désert de Cobi. Des envoyés anglois se sont fait porter en litière au travers de l'Inde septentrionale jusqu'au Thibet. Ils venoient de Calcutta, où les baromètres sont très-communs, et cependant nous ne savons encore rien sur l'élévation de ce pays. Je crois qu'en Europe on n'en a que des idées très-exagérées, et que le Thibet est beaucoup plus bas que le plateau de Quito.

(11) *Une race de pasteurs basanés, les Hiongnoux*, p. 17.

Les Hiongnoux, que de Guignes et plusieurs autres auteurs croient être les Huns, habitoient l'immense contrée de la Tatarie qui confine à l'est à Uo-leang-ho,

le territoire actuel des Mantscheou;
au sud à la muraille de la Chine; à
l'ouest à U-siün, et au nord au pays
des Eluths *(a)*. Le nom d'Hiongnoux est tatar, cependant il a
aussi une signification en chinois,
celle d'un malheureux esclave. Les
Huns septentrionaux, pasteurs
grossiers qui ne connoissoient pas
l'agriculture, étoient d'un brun
foncé; les Hiongnoux ou Hajate-
lahs plus méridionaux, sont les
nations des Euthalites ou Nephta-
lites, dont il est souvent fait mention dans les écrivains byzantins;
ils habitoient sur les côtes orientales de la mer Caspienne, et

(*a*) De Guignes, hist. des Huns.
t. 1. ch. 2.

avoient le visage assez blanc. Ils exerçoient l'agriculture et demeuroient dans des villes. On les appelle souvent Huns blancs, et d'Herbelot dit que ce sont des Scythes juifs *(a)*. Sur *Punu*, le chef ou le tanju des Huns, et sur l'extrême sécheresse et la famine qui eurent lieu l'an 46 après J. C., et qui occasionnèrent la migration d'une partie de la nation, vers le nord, voyez De Guignes, t. 1, ch. 11.

(12) *Point de pierres taillées*, p. 19.

Sur les bords de l'Orénoque, près du Caicara, où la contrée boisée confine à la plaine, nous avons

(*a*) De Guignes, hist. des Huns, t. 1, ch. 2.

effectivement trouvé des figures du soleil et d'animaux gravées sur les rochers; mais dans les *llanos*, on n'a pas découvert de vestiges de ces monumens grossiers d'anciens habitans. On doit regretter de n'avoir obtenu aucun renseignement satisfaisant sur un monument, qu'on avoit envoyé en France au comte de Maurepas, et qui, selon le récit de Kalm (*a*), avoit été trouvé par M. de Verandrier dans les savanes du Canada, à 900 lieues à l'ouest de Montréal, dans une expédition aux côtes du grand océan. Ce voyageur rencontra au milieu de la plaine, des masses

(*a*) Voyage de Kalm, — t. 3. — p. 416 de la traduction allemande.

prodigieuses de pierre, élevées par la main des hommes; sur l'une d'elles on vit quelque chose, qu'on prit pour une inscription tartare (*a*). Comment un monument aussi intéressant n'a-t-il pas été examiné? Devoit-on y voir réellement des lettres, ou bien un tableau historique, comme ce qu'on a appelé l'inscription phénicienne trouvée sur les bords de la rivière de Taunton, dont Court de Gebelin (*b*) a donné la gravure et

(*a*) Archæologia or miscellaneous traits published by the society of antiquarians of London, t. 8. p. 304.
(*b*) Court de Gebelin, Monde primitif, t. 7. p. 57-59 ; et 561-567. *Nota*. Il appelle constamment la rivière *Jaunston*.

l'explication ? Je pense avec Vallencey que, très-probablement, des peuples civilisés de l'Asie ont jadis parcouru cette plaine. Mais reste-t-il des monumens qui attestent leur passage ? Verandrier fut expédié par le chevalier de Beauharnois, gouverneur-général du Canada, à-peu-près vers l'an 1746. Plusieurs jésuites de Quebec assurèrent M. Kalm qu'ils avoient tenu l'inscription dans leurs mains ; elle étoit gravée sur une petite tablette, que l'on avoit trouvée fixée dans un pilier sculpté. J'ai engagé plusieurs de mes amis en France à faire des recherches pour découvrir ce monument, dans le cas où il auroit existé dans la collection de M. de Maurepas. M. de Verandrier prétendoit aussi avoir découvert, dans les savanes du Canada occidental, durant des journées entières, de longues traces de sillons de charrue; d'autres voyageurs avant lui disoient avoir remarqué la même chose. Mais la charrue étoit un instrument entièrement inconnue aux habitans primitifs de l'Amérique; de plus le manque de bestiaux, et le vaste espace que ces sillons occupent dans la savane, me font conjecturer que c'est par le mouvement d'une grande masse d'eau, que la surface du sol a pris l'aspect singulier d'un champ labouré.

(13) *Comme un bras de mer*, p. 19.

La grande *steppe*, qui s'étend de

l'est à l'ouest depuis l'embouchure de l'Orénoque, jusqu'aux montagnes couvertes de neige de Mérida, tourne au sud sous le huitième parallèle, et remplit l'espace situé entre la pente orientale des monts élevés de Nueva-Granada, et les rives de l'Orénoque qui, dans cet endroit, coule au nord. Cette partie des llanos arrosée par le Meta, le Vichada, le Zama et le Guaviare, unit le bassin de l'Amazone avec celui de l'Orénoque. Dans les colonies espagnoles, on appelle *paramo* toutes les montagnes qui s'élèvent depuis 1800 jusqu'à 2200 toises au-dessus du niveau de la mer, et dont le climat est dur et inhospitalier. Chaque jour voit tomber de la neige et de la grêle, durant des heures entières, sur le haut des *paramos*. Les arbres **y** sont rabougris, étendus en éventail, mais leurs branches noueuses sont ornées d'un feuillage frais et toujours vert; la plupart ont un aspect qui rappelle celui du laurier et du myrthe. L'*escallonia tubar*, l'*escallonia myrtilloïdes*, les *freziera* et notre myrtus microphylla (*a*), peuvent donner une idée de cette *physionomie des plantes*. Au sud de *Santa-Fe de Bogota* on trouve le fameux *paramo de la summa Paz*, groupe isolé de montagnes, où, suivant la tradition des indigènes, il y a

(*a*) Humboldt et Bonpland, plantes équinoctiales, vol. 1. p. 19.

de grands trésors cachés. De ce *paramo* sort un ruisseau qui, dans le ravin d'Yconozo, roule en écumant sous un pont naturel très-remarquable.

(14) *On ne faisoit pas attention aux chaînons*, p. 20.

L'espace immense qui s'étend de la côte orientale de l'Amérique du Sud jusqu'à la pente orientale des Andes, est partagé par deux masses de montagnes qui séparent les trois plaines ou bassins de l'O-rénoque inférieur, de l'Amazone et du Rio de la Plata. La plus septentrionale de ces deux masses, la chaîne des cataractes ou du Dorado, semble sortir des monts de

Pamplona, qui se prolongent beaucoup dans l'est. Elle est interrompue
par les llanos de Meta, et ce n'est que
sous le 70me. degré de longitude
que ces montagnes atteignent une
grande hauteur. La chaîne de
Pacarayma la réunit aux collines granitiques de la Guiane françoise. La carte de l'Orénoque, que
j'ai tracée d'après des observations
astronomiques, représente fidèle-
ment cette jonction. Les Caraïbes,
qui, des missions de Carony, se
rendent aux plaines du *Rio Mao*,
et jusqu'à celles des frontières du
Brésil, franchissent dans ce voyage
les chaînes de Pacarayma et Qui-
miropaca. La seconde masse de
montagnes qui sépare le bassin de
l'Amazone de celui du Rio de la

Plata est la chaîne de Chiquitos et de Santa-Cruz de la Sierra. Elle joint les Andes du Potosi et de l'Oruro aux montagnes de Matto-Grosso, situées dans le Brésil. Plus à l'est, elle paroît moins élevée, surtout entre les sources du Rio Tocantines et du Rio Parana. L'une de ces rivières se jette dans le fleuve des Amazones; l'autre dans celui de la Plata. Les montagnes du Dorado et celles de Chiquitos se prolongent de l'ouest à l'est; mais leur composition géologique n'a pas encore été examinée assez exactement, pour qu'on puisse les considérer comme des chaînes qui, sortant des Cordillères, s'étendent sans interruption jusqu'à la côte orientale. Nous pouvons

espérer des renseignemens pré-
cieux sur les monts de Chiquitos,
où les rivières de Puruz et de Beni
prennent leur source, d'un botaniste allemand , M. Thadée
Hænck, élève de Jacquin, qui,
depuis quinze ans, habite la province de Cochabamba , une des
contrées les plus belles et les plus
fertiles du monde.

(15) *Des hordes de chiens de
venus sauvages*, p. 21.

Dans les savannes ou *Pampas*
de Buenos-Ayres, les chiens d'Europe sont devenus sauvages. Ils
vivent en société dans des trous où
les petits se cachent. Si la société
devient trop nombreuse, quelques

familles la quittent et fondent une nouvelle colonie. Le chien d'Europe, devenu sauvage, aboye aussi fort que le chien indigène de l'Amérique. Garcillasso rapporte que, avant l'arrivée des Espagnols, les Péruviens avaient l'espèce de chien appelée *perros gosquez*. Il donne au chien indigène le nom d'*allco*. Pour distinguer ces deux animaux dans la langue des Qquichuas, on appelle le dernier *runallco*, chien indien. Ce *runallco* paroît n'être qu'une simple variété du chien des bergers. Il est plus petit, a le poil long avec des taches blanches et brunes, et les oreilles droites et pointues. Il aboye beaucoup, mais il ne mord que très-rarement. L'inca Pachacutec, dans une de ses guerres religieuses, ayant vaincu les Indiens de Xauxa et de Huanca, et les ayant convertis par violence au culte du soleil, trouva établi chez eux le culte des chiens. Les prêtres faisoient une sorte de cor avec le crâne du chien. Les fidèles mangeoient en substance la divinité du chien *(a)*. Lors des éclipses de lune, les chiens du Pérou jouoient leur rôle : on les battoit jusqu'à ce que l'éclipse fût finie. Le seul chien muet, mais entièrement muet, était le techichi du Mexique, variété du chien commun appelé chichi. Peut-être le mot techichi vient-il du mot

(a) Commentarios reales, t. 1. p. 104.

radical de la langue aztèque *techi-chializtli,* attendre ou guetter l'ennemi. Les habitans, ainsi que les Tatares, se nourrissoient de ce chien muet. Cet aliment étoit si nécessaire aux Espagnols mêmes, avant l'introduction des bestiaux, que peu-à-peu toute la race en fut détruite *(a)*. Buffon confond le techichi avec le coupara de la Guyane *(b)*. Ce dernier est identique avec l'ursus cancrivorus, ou l'aguara-guaza mangeur de moules de la côte des Patagons *(c)* Linné,

(a) Clavigero storia di Messico, t. 1. p. 73.

(b) Buffon, tom. 15, p. 153.

(c) Azara sur les quadrupèdes du Paraguay, t. 1. p. 315.

au contraire, confond le chien muet avec l'itzcuinte-potzoli, espèce de chien encore assez imparfaitement décrite, et qui se distingue par une queue courte, une tête très-petite et une grosse bosse sur le dos. Ce qui m'a extrêmement surpris en Amérique, et surtout à Quito et au Pérou, c'est le grand nombre de chiens noirs sans poil que Buffon appelle chiens turcs *(a)*. Cette variété y est très-commune, mais, en général, très-méprisée et très-maltraitée. Ces chiens existoient-ils dans le Nouveau-Monde avant sa découverte par les Européens? Les Portugais les y ont-ils apportés d'Afrique, ainsi que d'au-

(*a*) Canis Ægyptius Linnæi.

I.   6

tres productions de cette contrée ? ou bien est-ce l'influence du climat qui a créé cette variété dans le nouveau continent ? Cette dernière conjecture est à-peu-près invraisemblable ; car tous les chiens d'Europe se propagent très-bien en Amérique, et si l'on n'y trouve pas d'aussi jolis chiens, cela tient au peu de soin qu'on en prend, et peut-être aussi à ce qu'on n'y a pas introduit les plus belles variétés, telles que les levrettes et les danois mouchetés. Dans les colonies espagnoles, on regarde le chien sans poil comme venant de la Chine : on l'appelle perro chinesco ou chino, et on croit que la race en a été apportée de Canton ou de Manille. Un animal indigène du

Mexique étoit le loup appelé *xaloitzcuintli,* très-grand, entièrement dénué de poils, et ressemblant au chien. M. Barton *(a),* trouve une ressemblance frappante entre tous les noms qui, dans l'ancien et le nouveau continent, désignent le chien. Le mot latin *canis* a évidemment de l'analogie avec le *mekanne* des *Wuanaumeeh,* nation canadienne, et avec le *kannang* des Samoyèdes asiatiques. Il y avoit aussi des chiens européens devenus sauvages dans les îles de Cuba et de

(a) Smith's Barton's fragments of the natural history of Pensylvania, t. 1. p. 34.

Saint-Domingue lors de leur conquête par les Espagnols *(a)*.

(16) *Des causes multipliées et en partie encore peu développées*, p. 21.

J'ai essayé de rassembler dans un tableau les nombreuses causes de l'humidité et du moindre degré de chaleur de l'Amérique. On comprend bien qu'il n'est ici question que de la constitution *hygroscopique* de l'air en général, ainsi que de la température de tout le nouveau continent. Quelques contrées, par exemple l'île de la Marguerite, les côtes de Cumana et de Coro,

(a) Garcilasso, t. p. 326.

sont aussi chaudes et aussi arides qu'aucune partie de l'Afrique. Le maximum de la chaleur, lorsque l'on prend un grand nombre d'années, se trouve presque égal sous tous les parallèles du monde, sur les bords de la Newa, du Sénégal, du Gange et de l'Orénoque, c'est à-dire qu'il est toujours entre le trentième et le trente-deuxième degré de Réaumur. Il ne s'élève pas plus haut, si l'on fait les observations à l'ombre, loin de tout corps solide qui réfléchit la chaleur, et non dans un air rempli d'une poussière échauffée, ni avec un thermomètre à l'esprit-de-vin qui absorbe la lumière. La température moyenne des régions du tropique ou du climat des palmiers est entre le vingtième et le vingt-deuxième degré de Réaumur, et l'on ne remarque pas de différence entre les observations recueillies au Sénégal, à Pondichéry et à Surinam.

La grande fraîcheur, l'on pourroit même dire le froid qui règne presque toute l'année le long de la côte du Pérou sous le tropique, et qui fait baisser le thermomètre à 10 degrés, n'est nullement, comme j'espère pouvoir le démontrer, un effet du voisinage des montágnes couvertes de neige; mais est due plutôt à ce brouillard (garua) qui voile le disque du soleil, et à ce courant très-froid d'eau de mer qui porte avec impétuosité vers le nord, depuis le détroit de Magellan jusqu'au cap de Parinna. Sur la côte de Lima, la température du grand Océan est à 12º,5; tandis que, sous le même parallèle, mais hors du courant, elle est à 21°. Il est singulier qu'un fait aussi surprenant n'ait pas encore été remarqué.

(17) *L'Amérique est sortie de l'enveloppe aquatique du chaos ,* p. 26.

Un naturaliste très-ingénieux, M. Smith Barton *(a)* , a déjà dit avec beaucoup de justesse : « Je « ne puis considérer que comme

(*a*) Fragments of the natural history of Pensylvania , t. 1. p. 4.

« puérile, et nullement prouvée
« par l'évidence naturelle, la sup-
« position qu'une grande partie de
« l'Amérique est sortie du sein des
« eaux plus tard que les autres
« continens ». Qu'on me permette
de citer aussi un passage d'un
mémoire que j'ai composé sur
les peuples primitifs de l'Amérique (a). « Des écrivains justement
célèbres ont trop souvent répété
que l'Amérique est, dans toute l'é-
tendue du mot, un continent nouveau. Cette richesse de végétation,
cette masse de fleuves immenses,
ces grands volcans toujours en fermentation, annoncent, disent-ils,

(a) Berliner Monatschrift, t. 15.
p. 190.

que la terre, sans cesse tremblante
et non entièrement séchée, y est
moins éloignée de l'état primitif du
chaos que dans l'ancien continent.
Des idées semblables long-temps
avant mon voyage, m'ont paru
aussi peu philosophiques qu'opposées aux lois généralement re-
connues de la physique. Ces images de jeunesse et de désordre,
ainsi que d'une sécheresse et d'un
manque progressif de vigueur de
la terre vieillissante, ne peuvent
naître que chez ceux qui s'amu-
sent à saisir des contrastes entre les
deux hémisphères, et n'embrassent
pas d'un coup-d'œil général la
constitution de notre planète. La
partie sud de l'Italie est-elle un pays
plus nouveau que la Lombardie,

parce qu'elle est presque conti-
nuellement troublée par des tremblemens de terre et des éruptions
volcaniques? D'ailleurs, que nos
volcans et nos tremblemens de
terre actuels sont de petits phénomènes auprès de ces révolutions de
la nature que le géologue doit supposer, lors de la dissolution et du
refroidissement des masses qui ont
formé les montagnes quand la terre
étoit encore à l'état de chaos! Des
causes différentes doivent, dans
des climats éloignés, faire varier
les effets de l'énergie de la nature.
Dans le Nouveau-Monde, les volcans, au nombre de cinquante-
quatre, ont dû peut-être brûler
plus long-temps, parce que la chaîne
des montagnes élevées où ils sont

situés est plus près de la mer, et parce
que ce voisinage et la neige éternelle
qui les couvre paroissent modifier
d'une manière encore peu appré-
ciée l'énergie du feu souterrain. Les
tremblemens de terre et les éruptions y coopèrent périodiquement.
Présentement le désordre physique
et la tranquillité politique règnent
dans le nouveau continent, tandis
que, dans l'ancien, les discordes
des peuples forcent à chercher du
repos au sein de la nature. Peut-
être viendra-t-il un temps où une
partie du monde prendra la place
de l'autre dans ce singulier contraste entre l'énergie physique et
l'énergie morale. Les volcans se
reposent pendant des siècles, avant
de se rallumer de nouveau. L'opi-

nion que, dans les régions plus anciennes, il doit régner une certaine paix dans la nature, n'est fondée que sur un jeu de notre imagination. Un côté de notre planète ne peut pas être plus vieux ou plus jeune que l'autre. Les îles produites par des volcans , telles que les Açores, ou formées peu-à-peu par les mollusques du corail, comme plusieurs îles du grand Océan, sont, en général, plus récentes que les masses de granit de la chaîne du centre de l'Europe. Une contrée peu étendue, comme la Bohême et plusieurs vallées de la lune, entourées circulairement par des montagnes , peut rester long-temps couverte d'eau par suite d'inondations partielles, et former

un lac. Après qu'il se seroit entièrement écoulé, on pourroit, par
métaphore, donner le nom de terrain de nouvelle origine à celui-ci
où les végétaux s'établiroient par
degrés. Mais une enveloppe aquatique, telle que le géologue se la
représente lors de la formation des
montagnes secondaires, ne peut,
d'après les lois de l'hydrostatique,
se supposer que comme existante
à-la-fois dans toutes les parties du
monde et dans tous les climats. La
mer ne peut pas séjourner sur les
plaines immenses de l'Orénoque et
de l'Amazone, sans ravager en
même-temps les pays situés autour
de la mer Baltique. L'enchaîne-
ment et l'identité des couches se-

condaires près de Caraccas, dans la Thuringe et la basse Égypte, prouvent, comme je le développe dans mon Tableau géologique de l'Amérique méridionale, que cette grande opération de la nature s'est faite à la même époque sur toute la terre.»

(5) *Et plus frais et plus humide*, p. 26.

Le Chili, Buenos-Ayres, la partie méridionale du Brésil et le Pérou, tiennent, du peu de largeur du continent qui va en se rétrécissant vers le sud, un climat semblable à celui d'une île, c'est-à-dire des étés frais, et des hivers doux. Ces

avantages de l'hémisphère austral se
font sentir jusqu'au 40ᵉ. parallèle
sud; mais au-delà ce n'est plus
qu'un désert inhospitalier. Le détroit de Magellan est situé par le ·
53ᵉ. et le 54ᵉ. parallèle; cependant
dans les mois de décembre et de
janvier, où le soleil est dix-huit
heures sur l'horizon, le thermomètre ne s'élève qu'à quatre degrés. Le soleil éclaire tous les jours
la plaine, et la plus grande chaleur que M. Churruca y ait observée
en décembre 1788, c'est-à-dire en
été, n'alloit pas au-delà de neuf
degrés. Le cap Pilar, dont les rochers escarpés n'ont que 218 toises
de haut, et qui forme au sud l'extrémité de la chaîne des Andes,

a presque le même degré de latitude que Berlin (*a*).

(19) *Une seule mer de sable continue*, p. 27.

Si l'on peut considérer ces bruyères toujours pressées en groupes, qui se prolongent depuis l'embouchure de l'Escaut jusqu'à l'Elbe, et depuis la pointe de Jutland jusqu'aux montagnes du Harz, comme une phalange continue de plantes, on peut suivre aussi comme une mer ces sables qui s'étendent à travers l'Afrique et l'Asie, depuis le cap Bojador jusqu'au-delà de

(*a*) Relacion del viage al estrecho de Magellanes, appendice 1793, p. 76.

l'Indus, dans une étendue de plus de 1400 milles. La région sablonneuse d'Hérodote, appelée par les Arabes désert du Sahara, traverse comme un bras de mer desséché l'Afrique entière, entre le 18. et le 23°. parallèle boréal. Sa plus grande largeur du nord au sud, comme le remarque le judicieux Heeren (a), est entre Maroc et Tombut. C'est au contraire entre Tripoli et Cashna que le désert est le plus étroit, et qu'il est le plus fréquemment coupé par des cantons riches en sources. La vallée du Nil est à l'est la limite du désert de Lybie, dont le pays de Berdoa et de Bilma sont

(a) Heeren, Idées, etc. 2°. édition allemande.

la partie la plus fertile. Au-delà de l'isthme de Suez, au-delà des rochers de porphyre, de syénite et de diabaze du mont (*a*) Sinaï, com-

(*a*) Les moines de cette montagne montrent encore aujourd'hui aux étrangers les tables de la loi de Moïse. M. Rosier, élève du célèbre Dolomieu, possède des morceaux de ces tables, qui sont de syenite abondante en amphibole. Cette syenite paroît être posée sur du porphyre à base de pétrosilex. Plus avant dans la plaine, près de Nedsjed, on trouve du schiste primitif, de la wacke grise, et une brèche ancienne dans laquelle sont enchassées des masses de granit et de porphyre. Cette brèche étoit très-estimée par les sculp teurs anciens.

mence le désert de Nedsjed, qui occupe toute la partie intérieure de l'Arabie, et qui est borné à l'ouest et au sud par les pays fertiles et plus heureux de l'Hedjaas et de l'Hadramaut, situés le long des côtes. L'Euphrate termine à l'est les déserts d'Arabie et de Syrie. Des sables immenses coupent toute la Perse, depuis la mer Caspienne jusqu'à celle des Indes, et comprennent aussi les déserts d'Ajemi, de Kerman et de Mekran, abondans en sel et en kali. L'Indus sépare le dernier désert de celui de Multan, arrosé par la rivière de Caggar. La surface occupée par cette mer de sable, depuis la côte occidentale d'Afrique, jusqu'à Debalpour et Pattoun dans l'Inde, me paroît être de plus de trois cent mille lieues carrées, en faisant abstraction des cantons fertiles ou oasis.

(20) *La partie occidentale de l'Atlas*, p. 28.

M. Bory Saint-Vincent (*a*) a de nouveau agité la question relative à la position de l'Atlas des anciens. En faisant cette recherche, il ne faut pas confondre les anciennes traditions phéniciennes, avec ce que les Grecs et les Romains ont débité sur l'Atlas à une époque moins reculée. M. Ideler, qui réunit la connoissance approfondie des lan-

(*a*) Essai sur les îles Fortunées, p. 427.

gues, à celle de l'astronomie et des mathématiques, a le premier débrouillé ces notions confuses. J'espère qu'on me permettra d'insérer ici ce qu'un savant aussi eclairé m'a communiqué sur ce sujet important.

« Dès le premier âge du monde, les Phéniciens se hasardèrent à passer le détroit de Gibraltar. Ils fondèrent, sur les côtes de l'océan atlantique en Espagne, Gades et Tartessus, et en Mauritanie Lixus et plusieurs autres villes. De ces établissemens ils naviguoient le nord jusqu'aux îles Cassitérides, d'où ils tiroient de l'étain, et jusqu'aux côtes de Prusse où ils trouvoient de l'ambre. Dans le sud ils s'avançoient au-delà de Madère jusqu'aux îles du Cap-Vert. Ils fréquentoient surtout l'archipel des Canaries. Là, ils furent surpris à la vue du Pic de Ténériffe, dont la hauteur déjà très-considérable paroît encore plus grande, parce qu'il s'élance immédiatement au-dessus de la surface de la mer. Les colonies qu'ils envoyèrent en Grèce, et surtout celle qui, conduite par Cadmus, aborda en Béotie, portèrent dans ces contrées la connoissance de cette montagne élevée au-dessus de la région des nuages. Ils y firent connoître les îles fortunées qu'elle domine, et qu'embellissent des fruits de toutes sortes, entr'autres des pommes d'or (oranges). Cette tradition se propagea en Grèce par les chants des poètes, et arriva jusqu'au temps d'Homère. Son Atlas connoît les profondeurs de la mer ; il porte les grandes colonnes qui séparent la terre du ciel (*a*). Les Champs-Elysées (*b*) sont dépeints comme une terre enchanteresse située dans l'ouest. Hésiode parle d'Atlas à-peu-près de la même manière, et dit qu'il est voisin des nymphes Hespérides (*c*). Il nomme île des bienheureux les Champs-Elysées, qu'il place aux extrémités

(*a*) Odyssée , liv. 1. v. 52.

(*b*) Iliade , liv. 4. v. 561. Le mot est d'origine phénicienne , et signifie *séjour de joie*.

(*c*) Théogonie , liv. 5. v. 517.

de la terre, à l'occident (*a*). Des poëtes moins anciens ont embelli et orné les fables d'Atlas, des Hespérides, de leurs pommes d'or, et des îles des bienheureux qui sont le séjour des hommes justes après leur mort. Ils ont aussi réuni les expéditions de Mélicertes, dieu du commerce chez les Tyriens, et celles de l'Hercule grec. Ce ne fut que très-tard, que les Grecs commencèrent à rivaliser dans la navigation avec les Carthaginois et les Phéniciens. Ils visitèrent à la vérité les côtes de la mer atlantique, mais il ne paroît pas qu'ils s'y soient avancés bien loin. Il est douteux qu'ils ayent vu le pic de Ténériffe

(*a*) Opera et Dies , v. 167.

et les îles Canaries; car ils pensoient qu'il falloit chercher sur la
côte ouest de l'Afrique l'Atlas, que
leurs poètes et leurs traditions leur
avoient représenté comme une
montagne très-élevée, et située à
l'extrémité occidentale de la terre.
C'est aussi là que le transposèrent
Strabon, Ptolémée et les autres
géographes. Mais comme on ne
trouve dans le nord-ouest de l'A-
frique aucune montagne d'une
hauteur remarquable, on fut très-
embarrassé pour connoître la véritable position de l'Atlas. On le
chercha tantôt sur la côte, tantôt
dans l'intérieur du pays, tantôt
dans le voisinage de la mer méditerranée, tantôt plus au sud. Au
premier siècle de notre ère, époque

à laquelle les Romains portèrent leurs armes dans l'intérieur de la Mauritanie et de la Numidie, on prit l'habitude de donner le nom d'Atlas à la chaîne de montagnes qui, au nord de l'Afrique, s'étend de l'est à l'ouest dans une direction à-peu-près parallèle à celle des côtes de la Méditerranée. Cependant, Pline et Solin sentoient bien que les descriptions de l'Atlas, faites par les poètes grecs et romains, ne convenoient pas à cette chaîne de montagnes. Ils pensoient donc qu'il falloit placer dans la terre inconnue du milieu de l'Afrique ce pic dont ils faisoient un tableau si agréable d'après les traditions poétiques. Mais l'Atlas d'Homère et d'Hésiode ne peut être que le pic de Ténériffe;

tandis que c'est dans le nord de l'Afrique qu'il faut chercher l'Atlas des géographes grecs ou romains. »

J'ose ajouter quelques remarques à ces éclaircissemens instructifs de M. Ideler. Suivant Pline et Solin, l'Atlas s'élève du milieu d'une plaine de sable *(e medio arenarum)*. Des éléphans , que certainement on n'a jamais connus à Ténériffe, paissent sur ses flancs. Ce qu'aujourd'hui on désigne par le nom d'Atlas est une longue chaîne de montagnes. Comment se fit-il que les Romains crurent reconnoître dans cette chaîne le pic isolé d'Hérodote ? La cause n'en seroit-elle pas dans cette illusion optique d'après laquelle une chaîne de montagnes vue de profil dans le sens de sa longueur, paroît un pic retréci? Étant en mer, j'ai souvent pris des chaînes prolongées pour des montagnes isolées. Selon Hoest, l'Atlas, près de Maroc, est toujours couvert de neiges. Par conséquent, sa hauteur, en cet endroit, doit être de plus de dix-huit cents toises. Une chose qui me semble remarquable, c'est que, suivant Pline, les Barbares ou les anciens Mauritaniens appeloient l'Atlas, Dyris. Aujourd'hui encore, la chaîne de l'Atlas porte, chez les Arabes, le nom de Daran, mot qui a les mêmes consonnes que Dyris. Hornius *(a)* croit, au con-

(a) Hornius de originibus Americanorum, page 185.

traire, reconnoître le mot Dyris dans le nom guanche du pic de Ténériffe, Aya-Dyrma.

(21) *Les Monts de la Lune, Al-komri*, p. 29.

Les montagnes de la Lune, de Ptolémée, ou l'Al-komri d'Abul-feda, sont représentées sur les cartes de Rennel et d'Arrowsmith comme une chaîne énorme, non interrompue et parallèle à l'équateur. Leur existence est certaine, mais leur étendue et leur direction sont encore trop problématiques pour les tracer d'une manière aussi positive qu'ont hasardé de le faire les deux géographes anglois. L'Habesch est un plateau très-élevé, comme le *Quito*; et, s'il faut s'en rapporter aux mesures que Bruce dit avoir prises avec le baromètre, les sources du Nil sont élevées de seize cent cinquante quatre toises au-dessus du niveau de la mer. Une partie du Sennaar a huit cents toises d'élévation. Un fait digne d'attention, c'est que Meroe, cet état où les hommes furent civilisés à une époque si reculée, n'étoit pas éloigné de ces pays montueux. Ainsi, en Afrique comme dans le nouveau continent, c'est sur les montagnes ou dans leurs environs qu'habitèrent les premiers peuples civilisés.

(22) *Un effet de ce remous*,
p. 30.

Dans la partie septentrionale. de
l'Océan atlantique, entre l'Europe,
l'Afrique du nord et le continent
du Nouveau-Monde, les eaux sont
poussées par un courant qui, revenant sur lui-même, forme un
véritable remous. Entre les tropiques, le courant général, qu'on
pourroit appeler le courant de
rotation, suit, comme le vent alisé,
la direction d'orient en occident. Il
accélère la marche des navires qui
voguent des Canaries à l'Amérique
méridionale. Il rend presqu'impos-
sible la traversée en ligne directe
de Carthagena de Indias à Cumana,

traversée dans laquelle il faut vaincre le courant. Le nouveau continent, à partir de l'isthme de Panama jusqu'à la partie septentrionale du Mexique, forme une digue qui arrête le mouvement de la mer vers l'occident. Depuis Veragua, le courant est forcé de changer sa direction pour suivre celle du nord, et de se plier à toutes les sinuosités des côtes de Costa-rica, de Mosquitos, de Campêche et de Tabasco. Les eaux qui entrent dans le golfe du Mexique par l'ouverture qui se trouve entre le cap Catoche et l'île de Cuba, après avoir éprouvé un grand remous partiel entre la Vera-Cruz, Tamiagua, l'embouchure du Rio Bravo del norte et la Louisiane, retournent dans l'O-

céan par le canal de Bahama. Elles
y forment ce que les marins appellent le courant du golfe, qui est
comme un torrent d'eaux chaudes
qui courent avec une grande vîtesse et qui s'éloignent insensiblement de la côte de l'Amérique septentrionale en suivant une direction diagonale. Lorsque les navires
qui viennent d'Europe et sont destinés pour cette côte, ne sont pas
sûrs de la longitude où ils se trouvent ; ils peuvent s'orienter dès
qu'ils ont atteint le courant du
golfe, dont la position a été exactement déterminée par Franklin,
Williams et Pownall. Depuis le qua-
rante-unième parallèle, ce long courant d'eaux chaudes se dirige vers
l'est en diminuant peu-à-peu de

vîtesse et en augmentant de largeur. Avant d'arriver aux plus oc-
cidentales des Açores, il se partage
en deux bras, dont, au moins à
certaines époques de l'année, l'un
se porte sur l'Islande et la Norvège,
et l'autre sur les îles Canaries et les
côtes ouest de l'Afrique. Ce remous
de l'Océan atlantique , dont je
traite amplement dans le second
volume de mon voyage aux tropiques, explique clairement pourquoi , malgré les vents alisés ,
des troncs de cedrella odorata
sont poussés des côtes d'Amérique sur celles de Ténériffe. Dans
le voisinage du banc de Terre-
Neuve, j'ai fait plusieurs expérien-
ces sur la température du courant
du golfe. Il charrie avec une grande

rapidité les eaux chaudes des parallèles moins élevés, dans des latitudes plus septentrionales. Aussi la température du courant est-elle de deux à trois degrés R. plus élevée que celle des eaux voisines qui en forment les rives et dont le mouvement est nul. Ces phénomènes sont analogues à ceux que nous avons observés sur la côte du Pérou, et dont il est fait mention dans la note seizième.

(23) *Ni les lécidées ni aucun autre lichen*, p. 31.

Voici les lichens dont la terre dénuée de végétaux commence à se couvrir dans les pays du nord : Bacomyces roseus , B. rangife-

rinus, Lecidea muscorum, L. ic-
madophila ; quelques autres cryptogames s'y joignent pour préparer
la végétation des herbes et des
plantes. Entre les tropiques, où
les mousses et les lichens ne croissent abondamment que dans les
endroits ombragés, quelques plantes grasses, telles que le sesuvium
ou le portulacca , suppléent aux
lichens terrestres.

(24) *L'éducation des animaux
qui donnent du lait*, p. 33.

Deux animaux de l'espèce du
bœuf, c'est-à-dire le bizon et le
bœuf musqué, dont nous avons
déjà parlé, sont indigènes du nord

de l'Amérique ; mais les naturels

> Queis neque mos, neque cultus erat, nec
>   jungere tauros
> . . . . norant.
>   *Virg. Aen.*, VIII, 316.

buvoient le sang fumant et non le lait de ces animaux. M. Barton a émis une opinion assez probable *(a)* ; c'est que quelques tribus du Canada occidental élevoient le bizon à cause de sa chair et de sa peau. On sait qu'au Pérou le llama est un animal domestique : on ne le rencontre nulle part dans son état sauvage primitif; ceux qu'on trouve sur la pente occidentale du Chimborazo sont devenus sauvages

(*a*) Fragments, t. 1. p. 4.

lorsque *Lican*, l'ancienne résidence des dominateurs de Quito, fut détruite et réduite en cendres.

Au sud de la rivière de Gyla, qui se jette dans le golfe de Californie (mar de Cortez) avec le Rio Colorado, on trouve, dans une steppe solitaire, les ruines du palais des Aztèques, que les Espagnols appellent les casas grandes. Lorsqu'environ vers l'an 1160, les Aztèques, sortant du pays inconnu d'Aztlan, parurent dans l'Anahuak *(a)*, ils se fixèrent pen-

(a) Un fait digne d'attention, suivant la remarque du célèbre historien Jean de Müller, c'est que précisément à la même époque, de

dant quelque temps sur les bords du Gyla. Garcès et Font, deux moines franciscains, sont les derniers qui, en 1773, aient visité les casas grandes. Ils racontent que ces ruines occupent une étendue de plus d'un mille carré. Toute la plaine est en outre couverte de têts de vases de terre peints avec art. Le palais principal , si une maison bâtie en briques non cuites peut mériter ce nom, a quatre cent

grandesémigrations eurent lieu dans le nord de l'Asie. L'irruption des Tartares Niüsche força les empereurs chinois de la dynastie de Süm a transporter leur résidence à Linegan, plus au sud. (De Guignes introduction à l'hist. des Huns, p. 83).

vingt pieds de long et deux cent soixante de large *(a)*.

Le tayé de la Californie, dont le père Venegas donne la description, paroît différer peu du moufflon *(b)* de l'ancien continent. On a aussi vu cet animal dans les Stony-mountains, aux sources de la rivière de la Paix. Le petit ruminant du genre de la chèvre ou de l'antilope, qui est taché de noir et blanc, et qui se trouve sur les bords du Missoury

(*a*) Voyez l'ouvrage rare imprimé à Mexico, intitulé Cronica serafica del Collegio de Propaganda fede de Queretaro por Fray Domingo Arricivita.

(*b*) Capra Ammon.

et de la rivière des Arkansaw, paroît être un animal entièrement
différent du précédent; il est à sou-
haiter qu'on en fasse une description
exacte.

(25) *Des plantes ceréales*, p. 34.

C'est certainement un phénomène surprenant que, sur un des
côtés de notre planète, il existe des
peuples à qui le lait et la farine
tirée des graines des graminées (à
épis étroits) sont entièrement inconnus, tandis que l'autre hémisphère offre presque partout des
nations qui cultivent les céréales
et élèvent des animaux qui leur
donnent du lait. Ainsi la culture des graminées caractérise les

deux parties du monde. Dans le nouveau continent, nous voyons que, depuis le quarante-cinquième parallèle nord jusqu'au quarante-deuxième parallèle sud , on ne cultive qu'une espèce de graminée, le maïs. Dans l'ancien continent, au contraire *(a)*, nous trou-

(a) Ceux qui dans la fable de l'Atlantis croient reconnoître des relations obscures d'un grand pays situé à l'Ouest, ou de l'Amérique , verront avec plaisir un passage tiré du troisième livre de Diodore de Sicile, p. 13o , édition de Wesseling. Les Atlantes n'ont pas connu les fruits de Cérès , parce qu'ils se sont séparés des autres hommes avant que ces fruits n'eussent été

vons partout, et dans les temps les plus reculés dont l'histoire fasse mention, la culture du froment, de l'orge, du seigle et de l'avoine, en un mot de toutes les plantes ceréales. Diodore de Sicile *(a)* fait mention du froment sauvage qui croît dans les campagnes de Leontium, ainsi qu'en plusieurs autres endroits de la Sicile ; Cérès fut trouvée dans les prairies d'Enna, si abondantes en violettes. M. Sprengel a récemment recueilli plusieurs passages intéressans qui rendent

montrés aux mortels. Les Guanches des îles Canaries cultivoient l'orge dont ils préparoient le gofio.

(a) Diod. Sic. l. 5, p. 199 et 222, ed. Wessel.

assez vraisemblable l'opinion que la plupart des espèces de blé d'Europe sont originaires du nord de la Perse et de l'Inde, où elles croissent spontanément ; le froment d'été croît naturellement dans le pays des Musicains, province du nord de l'Inde *(a)* ; l'orge, appelé par Pline *antiquissimum frumentum*, se trouve, suivant Moïse de Chorène *(b)*, sur les bords de l'Araxe ou du Kur en Georgie, et suivant Marc Pol, dans le Balascham dans l'Inde septentrionale *(c)* ; l'épeautre près d'Hamadan, suivant Mi-

(*a*) Strabon, l. 15, p. 1017.
(*b*) Geogr. Armen , p. 360.
(*c*) Ramusio , t. 2, p. 10.

chaux *(a)*. — J'ai autrefois douté de l'existence du blé sauvage en Asie *(b)*, et j'ai cru qu'il n'y étoit devenu tel qu'après y avoir été cultivé. Mais l'observation de M. Sprengel, que le blé qui devient quelquefois sauvage en Europe, ne continue pas à se propager dans le même endroit, détruit ces objections. Un esclave nègre de Fernand Cortez fut le premier qui cultiva le froment dans la Nouvelle-Espagne. Il en trouva trois grains parmi du riz qu'on avoit apporté d'Espagne pour l'approvi-

(a) La Marck , Encyclopédie méthodique , t. 2 , p. 560.

(b) Essai sur la géographie des plantes, p. 27.

sionnement de l'armée. Dans le couvent des Franciscains de Quito on conserve précieusement, comme une relique, le vase de terre qui renfermoit le premier froment dont Fray Jodoco Rixi de Gante, moine franciscain, natif de Gand, fit des semis dans la ville. On le cultiva d'abord devant le couvent, sur la place appelée plazuella de San-Francisco, après qu'on eût abattu la forêt qui s'étendoit de là jusqu'au pied du grand volcan Pichincha. Les moines que je visitois souvent durant mon séjour à Quito, me prièrent de leur expliquer l'inscription tracée sur le vase de terre, et dont ils supposoient que le sens avoit quelque rapport caché avec le froment. Mais je n'y trouvai que la sentence écrite en vieux dialecte allemand : *Que celui qui me vide n'oublie pas le Seigneur !* Cet antique vase allemand avoit pour moi quelque chose de respectable. Que n'a-t-on conservé partout dans le nouveau continent le nom de ceux qui, au lieu de le ravager, l'ont enrichi les premiers des présens de Cérès !

(26) *Craignant une température moins froide,* p. 35.

Au Mexique et au Pérou, on trouve partout, dans les plaines élevées des montagnes, des traces d'une grande civilisation. Nous avons vu, à une hauteur de seize à dix-huit cents toises, des ruines de palais et de bains. Des colons du nord pouvoient seuls se plaire dans un pareil climat.

(27) *Hypothèse peu favorisée par la comparaison des langues*, p. 36.

D'après ce que nous savons sur les langues d'Asie et d'Amérique, et même sur les dialectes de peuples qui habitent les côtes voisines et opposées des deux continents, il n'y a pas même autant d'analogie entre elles qu'entre le persan et l'allemand. M. Barton a cru avoir découvert quelque ressemblance entre les mots radicaux de certaines peuplades du Canada et du nord de l'Asie. On a surtout remarqué cette analogie dans le langage des nations qui habitent sur les bords de la mer Caspienne, et par conséquent très-loin de la côte orientale de l'Asie. Mais toutes les langues du monde paroissent avoir une certaine quantité de mots communs, dont l'origine est plus souvent due à des causes physiques, à l'harmonie imitative et au hasard, qu'à une source commune. Les mots *scheune* et *stahli*, qui dans le dialecte thébaïque de la langue copte, signifient, suivant Zoega, le premier une grange, le second du fer, ressemblent entièrement aux mots allemands qui désignent les mêmes choses. Dans le mot *phallus*, *palus*, on reconnoît l'*alli* copte, précédé de l'article φ, ***Palès***, dieu étrusque, et peut-être même le *pfahl* des Allemands (pal) *(a)*. Dans les langues tatares et tschouvasches *atl* signifie de l'eau, de même qu'en mexicain *(b)*. J'ai traité ailleurs la question si *atl*, dont le composé est *atlan*, et si les pays d'*Atlaloc* et d'*Atzlan*, si célèbres dans la mythologie mexicaine, ont quelque connexion avec le nom d'*Atlantis (c)*. Nous avons une connois-

(a) Zoega de obeliscis, p. 145 et 225.

(b) Cornides, vindiciæ, 2202, page 342.

(c) Dans une note du second volume de mon voyage aux régions des tropiques.

sance trop imparfaite des dialectes
américains et tatars pour pouvoir
abandonner l'espérance de reconnoître, dans la multitude prodigieuse des premiers, un langage
qui se parle également sur les bords
de l'Amazone et au pied du Musart dans le centre de l'Asie. Une pareille découverte seroit une des plus
brillantes que l'on pût faire pour
jeter quelque jour sur l'histoire de
l'espèce humaine.

(28) *Une multitude d'autres animaux*, p. 38.

Les steppes de Caraccas sont remplies de troupeaux de cerfs appelés
par Linné C. mexicanus, qui, étant
jeunes, sont mouchetés et ressem-

blent aux chevreuils. Mais, ce qui est très-surprenant sous une zone si chaude, nous en avons trouvé des variétés entièrement blanches. Cet animal, sous l'équateur, ne s'élève guères sur les Andes qu'à sept ou huit cents toises de hauteur; mais on trouve jusqu'à deux mille toises un cerf plus grand, qui souvent est blanc, et que je ne puis distinguer de notre cerf d'Europe par aucun caractère spécifique. Le cabiai (*cavia capybarus*) est appelé *chiguire* dans la province de Caraccas. Celui-ci a une existence très-malheureuse; car, dans l'eau, il est poursuivi par le crocodile, et sur terre par le jaguar. Il court si mal, que souvent nous le prenions avec la main. On fume ses extrémités comme des jambons, mais c'est un mets peu agréable à cause de sa forte odeur de musc. Les animaux puants, si joliment rayés par bandes, sont le chinche, le zorille et le conepate (viverra mapurito, zorilla et vittata).

(29) *Cet arbre de vie* , p. 38.

Linnée n'a décrit qu'imparfaite-ment ce beau palmier, *mauritia flexuosa*, puisqu'il dit qu'il n'a pas de feuilles. Son tronc a vingt-cinq pieds de haut, mais il n'atteint probablement cette taille que lors-qu'il est âgé de cent vingt à cent cinquante ans. Le *mauritia* forme, dans les lieux humides, des groupes magnifiques d'un vert frais et brillant à-peu-près comme nos aulnes. Son ombre conserve aux autres arbres un sol humide, ce qui fait dire aux Indiens que le *mauritia*, par une attraction mystérieuse, réunit l'eau autour de ses racines. Une théorie semblable leur fait penser qu'il ne faut pas tuer les serpens, parce que, si on détruisoit ces reptiles, les flaques d'eau (lagunas) se dessécheroient : c'est ainsi que l'homme grossier de la nature confond la cause et l'effet. Sur les rives du Rio Atabapo, dans l'intérieur de la Guayana, nous avons trouvé une nouvelle espèce de *mauritia* à tige garnie de piquants; c'est notre *mauritia aculeata*.

(30) *Un stylite américain*, p. 40.

Siméon le Sisanites, Syrien et fondateur de la secte des Stylites, passa trente-sept ans en contemplation religieuse sur cinq colonnes successivement. La dernière qu'il habita avoit trente-six coudées de haut. Pendant sept cents ans, des hommes imitèrent ce genre de vie : on les appeloit *sancti columnares*. En Allemagne, dans le pays de Trèves, on essaya d'établir de pareils cloîtres aériens; mais les évêques s'opposèrent à ces entreprises périlleuses. (Mosheim. Institut. Hist. Eccles., p. 192.)

(31) *Quelques villes sur le bord des rivières de la steppe*, p. 42.

Des familles qui vivent de l'é-ducation des bestiaux et non de l'agriculture, se sont réunies dans de petites villes, au milieu des *steppes*. Dans les parties civilisées de l'Europe, ces villes passeroient à peine pour des villages. Telles sont Calabozo, situé, d'après mes observations astronomiques, par 8° 56′ 14″ de latitude boréale, et 4° 40′ 20″ de longitude occiden-tale. —Villa del Pao, lat. 8° 38′ 1″, long. 4° 27′ 47″. — San Sebastian et d'autres.

(32) *Comme une nuée en forme d'entonnoir*, p. 43.

En Europe, dans les chemins qui se croisent, nous voyons quelque chose qui approche du phénomène singulier de ces trombes de sable. Mais elles sont particulièrement observées dans le désert sablonneux situé au Pérou, entre Coquimbo et Amotape. Une pareille nuée de poussière peut devenir fatale au voyageur assez imprudent pour ne pas l'éviter. Ce qui est digne de remarque, c'est que ces courants d'air partiels et qui se heurtent, ne se font sentir que lorsque l'atmosphère est entièrement calme. Par conséquent, l'o-

céan aérien est semblable à la mer,
où des filets de courants qui entraî-
nent l'eau en clapottant ne sont
sensibles que par un calme plat.

(13) *Augmente la chaleur étouffante de l'air*, p. 44.

J'ai observé à la métairie de
Guadalupe, située dans les llanos
ou la savane d'Apuré, que le thermomètre s'élevoit de 27 à 29° R.
aussitôt que le vent chaud du désert commençoit à souffler. Au
milieu du nuage de poussière, la
température étoit, pendant quelques minutes, à 35°. Le sable sec,
dans le village de San Fernando de
Apuré, avoit 42° de chaleur.

(34) *L'image décevante d'une surface ondulée*, p. 45.

C'est le phénomène si connu du *mirage*. Tous les objets paroissent suspendus en l'air, et sont réfléchis ensuite dans la couche inférieure de l'air. Le désert ressemble à un lac immense, dont la surface est agitée par les vagues. Durant l'expédition des François en Égypte, cette illusion optique a souvent jeté le désespoir dans l'ame du soldat altéré. On observe ce phénomène dans toutes les parties du monde. Les anciens connoissoient aussi le singulier effet de la réfraction du rayon de·lumière dans le désert de Lybie. Je vois que Diodore de Sicile (*a*) a fait mention de ces fantômes surprenans, ou d'une *fata morgana*, en Afrique, et qu'il y a joint des explications encore plus extraordinaires sur la compression des parties de l'air.

Le poëte persan *Djamy*, que M. *Chézy*, employé à la bibliothéque Impériale, a fait connoître en France, par sa traduction élégante de *Medjnoun et Leïla*, fait allusion à ce phénomène dans plusieurs passages de son poëme. Tel est celui où, décrivant les fatigues que Keïs éprouve en traversant le désert de l'Arabie, il dit : « Au lieu d'une onde pure et limpide, un lac

(*a*) L. 3, p. 219, ed. Wessel. — p. 184, ed Rhod.

imaginaire figuré dans l'éloignement par les exhalaisons d'un sol
embrasé, trompoit inhumainement
sa soif dévorante. » (p. 97.)

(35) *Le Melocactus* , p. 46.

Le *cactus melocactus* a souvent dix pouces de diamètre et
quatorze côtes. Il y a encore plusieurs nouvelles espèces de cactus
non décrites qui se rapprochent
beaucoup de celle-ci et de celle que
Linnée a appelée *nobilis* dans son
Mantissa; mais il parle de toutes
d'une manière bien imparfaite.

(36) *Soudain la scène change
dans le désert*, p. 47.

J'ai essayé de peindre le commencement du temps pluvieux et les symptômes qui l'annoncent. La couleur bleu-foncé du ciel entre les tropiques est l'effet d'une parfaite dissolution des vapeurs. Le cyanomètre indique un bleu plus pâle aussitôt que les vapeurs commencent à se précipiter : la tache noire de la *croix du sud* devient d'autant moins visible que la transparence de l'atmosphère diminue. L'éclat brillant des *nubicula major* et *minor* disparoît aussi. Les étoiles, dont la lumière étoit tranquille comme celle des planètes, deviennent scintillantes au zénith. Tous ces phénomènes résultent de l'augmentation des vapeurs qui sont suspendues dans l'atmosphère.

(37) *La glaise humide s'élève lentement en forme de mottes*, p. 50.

L'extrême sécheresse produit, dans les animaux et dans les plantes, les mêmes phénomènes que l'absence de la chaleur. Pendant la sécheresse, plusieurs plantes de la zone torride se dépouillent de leurs feuilles : les crocodiles et d'autres amphibies se cachent dans la glaise. Ils y restent morts en apparence, de même que dans le nord de l'Afrique, où le froid les engourdit pendant l'hiver.

(58) *Une vaste mer intérieure*, p. 51.

Ces inondations n'ont nulle part

autant d'étendue que dans les bassins formés par l'Apure, l'Arachuna Pajara, l'Aranca et le Cabuliare. De grandes embarcations traversent le pays et vont à dix à douze milles dans l'extérieur des *steppes*.

(39) *Jusqu'aux plaines de l'Antisana*, p. 54.

La vaste plaine qui entoure le volcan d'Antisana est à deux mille cent sept toises de hauteur au-dessus du niveau de la mer. La pression de l'air y est si foible, que les bœufs sauvages, quand on les poursuit avec des chiens, perdent le sang par les nazeaux et par la bouche.

(40) *Béra et Rastro*, p. 55.

J'ai décrit en détail cette pêche

des Gymnotes dans mes Observations de zoologie et d'anatomie comparée , p. 83.

(41) *Développé par le contact des parties humides ethetérogènes* , p. 57.

Dans tous les corps organiques, des substances hétérogènes sont en contact. Dans tous, les solides et les liquides sont unis. Ainsi, partout où il y a corps organisé et vie, il y a probablement tension électrique ou jeu de la pile de Volta.

(42) *Osyris et Typhon* , p. 58.

Voyez l'excellent ouvrage de *Zoega* (p. 575.) sur les obélisques au sujet de la lutte de ces deux races d'hommes, c'est-à-dire des pasteurs arabes de la basse Égypte et des Éthiopiens civilisés et agriculteurs; de celle du prince Baby ou Typhon au teint blond, fondateur de Peluse, et du Bacchus nègre ou Osyris.

(43) *Où s'arrête la demi-civilisation européenne*, p. 59.

Dans la capitainerie générale de Caraccas, la civilisation introduite par les Européens ne s'étend pas au-delà de la région étroite entre les montagnes et la mer. Dans le Mexique, la Nueva-Grenada, et Quito, elle a pénétré dans l'intérieur du pays et jusques sur les Cordillères. Dans cette région élevée, on a trouvé, dès le quinzième siècle, une civilisation ancienne. Partout où les Espagnols ont découvert cette civilisation, ils l'ont suivie, et se sont établis, soit près de la mer, soit à un grand éloignement de ses bords, souvent à mille ou quinze cents toises d'élévation.

(44) *Des masses immenses de granit couleur de plomb*, p. 60.

Dans l'Orénoque, et surtout aux cataractes de Maypurès et d'Aturès, mais point dans le Rio-Negro ; les blocs de granit et même des fragmens de quartz blanc, dès qu'ils sont touchés par les eaux de ce fleuve, se revêtent d'une enveloppe d'un gris noirâtre, qui ne pénètre pas d'un dixième de ligne dans l'intérieur de la pierre.

On croit voir du basalte ou des fossiles colorés par le graphite. Cette enveloppe paroît contenir du carbone. Je dis qu'elle paroît, car on n'a pas encore examiné assez attentivement ce phénomène. M. Rosier a découvert quelque chose de pareil sur les rochers de syenite du Nil, entre Syene et Phile. Dans l'Orénoque, lorsque ces pierres noirâtres sont humides, elles répandent des vapeurs pernicieuses : on regarde leur voisinage comme une cause de fièvres.

(45) *Les hurlemens sourds du singe barbu qui annoncent la pluie*, pag. 60.

Quelque temps avant que la pluie commence, on entend le cri

mélancolique de plusieurs singes,
tels que le coaïta (simia béelzebub)
et l'alouate (simia seniculus). On
croit entendre au loin le fracas de
la tempête. On ne peut rendre raison de l'intensité du bruit produit
par d'aussi petits animaux, qu'en
se rappelant qu'un seul arbre sert
quelquefois de demeure à une
troupe de soixante ou de quatre-
vingts singes. Consultez mon Mémoire anatomique, dans mon
Recueil d'observations de zoologie, pour ce qui concerne le
larynx et l'os hyoïde de ces animaux. Pl. IV, n°. 9.

(46) *Souvent couvert d'oiseaux,*
pag. 61.

Les crocodiles sont tellement immobiles, que j'ai vu des flamands ou phénicoptères se reposer tranquillement sur leur tête. Le reste du corps étoit couvert d'oiseaux comme un tronc d'arbre.

(47) *Dans son gosier dilaté*, p. 61.

L'humeur visqueuse dont le boa entoure sa victime, accélère la putréfaction. Cette humeur amollit la partie musculaire, et la réduit pour ainsi dire à l'état de gélatine; de sorte que le serpent fait entrer peu-à-peu le corps d'un animal dans son gosier dilaté. C'est ce qui a fait donner à ce serpent, par les Créoles, le nom de *traga-venado*, ou avaleur de cerfs. Ils débitent qu'on a vu, dans la gueule des serpens, des ramures de cerf qu'ils n'avoient pu avaler.

J'ai vu le boa nager dans l'Orénoque. Il tient la tête hors de l'eau
comme un chien. Sa peau est agréablement mouchetée. Il parvient
jusqu'à 45 pieds de long. Je pense
que le boa de l'Amérique méridionale est différent du boa *constric-
tor* des Indes-Orientales. *Voyez*
ce que raconte Diodore sur le *boa
d'Ethiopie* (a).

(48) *Se nourrissent de gomme et
de terre*, pag. 62.

C'est sur les côtes de Cumana, de
Nueva-Barcellona et de Caraccas,
visitées par les moines franciscains
de la Guayane, lors de leur retour

(a) L. 3, p. 204, ed. de Wesseling.

des missions, qu'est répandue la tradition que des peuples habitant les bords de l'Orénoque mangent de la terre. Le 6 juin 1800, lorsqu'en revenant du Rio - Negro nous descendions l'Orénoque, sur lequel nous sommes restés 36 jours, nous avons passé une journée dans une mission habitée par les Ottomaques qui mangent de la terre. Le village appelé la Concepcion di Uruana, est appuyé d'une manière très-pittoresque sur le penchant d'un rocher de granit. Je déterminai sa latitude à 7° 8′ 3″ nord, et sa longitude à 4° 38′ 38″ à l'ouest de Paris. La terre que les Ottomaques mangent est une glaise grasse et onctueuse, une véritable argile de potier, d'une teinte jaunegrisâtre, colorée par un peu d'oxide de fer. Ils la choisissent avec beaucoup de soin, et la recueillent dans des bancs particuliers sur les rives de l'Orénoque et du Meta. Ils distinguent au goût une espèce de terre d'une autre, car toutes les espèces de glaise n'ont pas le même agrément pour leur palais. Ils pétrissent cette terre en boulettes, de quatre à six pouces de diamètre, et la font cuire à un petit feu, jusqu'à ce que la surface antérieure devienne rougeâtre. Lorsque l'on veut manger cette boulette, on l'humecte de nouveau. Ces Ottomaques sont , pour la plupart, des hommes très-farouches, et qui ont la culture en aversion. Les nations de l'Oréno-que les moins rapprochées de ce

canton, disent en proverbe lorsqu'elles veulent parler de quelque
chose de très-sale : « C'est si dé-
goûtant qu'un Ottomaque le man-
geroit. » Tant que les eaux de
l'Orénoque et du Meta sont basses,
l'Ottomaque se nourrit de poissons
et de tortues. Lorsque les poissons
paroissent à la surface de l'eau, il
les tue à coups de flèches , avec
une adresse que nous avons souvent admirée. Dès que les fleuves
éprouvent leur débordement pé-
riodique, la pêche cesse, car il est
alors aussi difficile de pêcher dans
les rivières devenues plus profondes, que dans la pleine mer. Pendant cette inondation, qui dure
deux ou trois mois, les Ottomaques
avalent des quantités prodigieuses

de terre. Nous en avons trouvé dans leurs huttes de grandes provisions entassées en pyramides, Chaque individu consomme journellement les trois quarts ou les quatre cinquièmes d'une livre de terre; c'est ce que nous a rapporté Fray Ramon Bueno, moine très-intelligent, natif de Madrid, et qui a vécu 12 ans parmi ces Indiens. Les Ottomaques disent eux-mêmes que, dans la saison des pluies, cette terre est leur principal aliment. D'ailleurs ils mangent de petits poissons, des lézards, ou de la racine de fougère, lorsqu'ils peuvent s'en procurer. Ils sont si friands de cette glaise, qu'ils en mangent tous les jours un peu après le repas pour se régaler, dans la saison même de la sécheresse, et lorsqu'ils ont du poisson en abondance. Ces peuples sont d'une couleur cuivrée très-foncée. Ils ont les traits du visage laids comme ceux des Tatares; sont gras, mais n'ont pas le ventre gros. Le missionnaire qui réside avec eux, nous assura qu'il n'avoit remarqué aucune différence dans la santé de ces sauvages, pendant tout le temps qu'ils mangeoient de la terre.

Voilà le simple narré des faits. Les Indiens mangent de grandes quantités de glaise, sans que leur santé en souffre. Ils regardent cette terre comme un mets nourrissant, c'est-à-dire, qu'ils trouvent que l'usage qu'ils en font les rassasie pour quelque temps. Ils attribuent cette sensation de satiété à la glaise, et non aux autres nourritures assez chétives qu'ils peuvent y joindre. Si l'on demande aux Ottomaques quelle est leur provision d'hiver, et l'on appelle hiver dans la partie chaude l'Amérique du sud la saison des pluies, ils montrent les tas de terre amoncelés dans leurs huttes. Mais ces faits partiels ne décident pas les questions suivantes : la glaise peut-elle réellement être une substance nutritive? Les terres peuvent-elles s'assimiler à notre nature ? ou ne sont-elles qu'un lest pour l'estomac ? Ne servent-elles qu'à tenir ses parois dilatées, et de cette manière contribuent-elles à apaiser la faim? Il est assez singulier que le Père Gumila, d'ailleurs si crédule, et dont l'ouvrage est si dépourvu de saine critique, veuille absolument nier que les Indiens mangent de la terre (a). Il prétend que les boulettes de glaise sont mêlées de farine de maïs et de graisse de crocodile. Mais le missionnaire Fray Ramon Bueno, et le frère Fray Juan Gonzales, notre ami et notre compagnon de voyage, que la mer a englouti sur la côte d'Afrique avec une partie de nos collections, nous ont assuré tous deux que les Ottomaques n'enduisent pas la glaise de graisse de crocodile. A Uruana, nous

(a) Histoire de l'Orénoque, t. 1, p. 283.

n'avons jamais entendu parler de ce mélange de farine. La terre que nous avons apportée, et que M. Vauquelin a analysée, est pure, et sans aucun mélange. Gumila, en confondant des faits étrangers, n'auroit-il pas voulu faire allusion au pain qu'on prépare avec les gousses allongées d'une espèce d'inga? Ce fruit est mis en terre, afin qu'il fermente plutôt. — Ce qui d'ailleurs me surprend davantage, c'est que l'usage d'une si grande quantité de terre ne cause aucune maladie aux Ottomaques. Cette peuplade est-elle habituée à ce mets, depuis un grand nombre de générations? Dans toutes les contrées de la zone torride, les hommes ont un désir étonnant et presque

irrésistible de manger de la terre,
non pas une terre alcaline ou
calcaire , pour neutraliser des
sucs acides, mais une glaise très-
grasse, et dont l'odeur est très-forte.
On est souvent obligé de lier les
enfans, pour les empêcher de sortir et de manger de la terre quand
la pluie a cessé de tomber. Au village de Banco, sur le bord de la
rivière de la Madeleine, les femmes
indigènes qui font des pots de terre,
mettent en travaillant, ainsi que je
l'ai vu avec surprise, de gros morceaux de glaise dans leur bouche (*a*).

(*a*) Gily a fait la même remarque,
Saggio di storia dell' America , t. 2 ,
p. 311. En hiver, les loups mangent
de la terre, et surtout de la glaise. En

Les autres peuplades de l'Amérique ne tardent pas à devenir malades, lorsqu'elles cèdent à cette singulière envie de manger de la terre. Dans la mission de San Borgia, nous vîmes un enfant qui, d'après ce que nous dit sa mère, ne vouloit manger que de la terre, et que cette nourriture avoit maigri comme un squelette. Pourquoi dans les zones tempérées et froides la manie de manger de la terre est-elle si rare, et n'existe-t-elle que chez les enfans et les femmes grosses? On peut avancer que dans toutes

général, il seroit intéressant d'analyser les déjections de tous les hommes et de tous les animaux qui mangent de la terre.

les régions de la zone torride , cet appétit pour la terre a été observé. En Guinée , les nègres mangent une terre jaunâtre , qu'ils appellent caouac. Les esclaves qu'on mène en Amérique tâchent de s'y procurer une semblable jouissance; mais c'est toujours au détriment de leur santé.

« Une autre cause du *mal d'es-* « *tomac* , très - générale encore, « dit un voyageur moderne, c'est « que plusieurs de ces nègres ve- « nus de la côte de Guinée man- « gent de la terre; ce n'est point « par un goût dépravé, c'est-à-dire « par une suite seulement de leur « maladie; c'est une habitude con- « tractée chez eux, où ils disent

« qu'ils mangent habituellement
« une certaine terre dont le goût
« leur plaît, sans en être incom-
« modés. Ils recherchent chez
« nous la terre la plus approchante
« de celle-là. Celle qu'ils préfèrent
« ordinairement est un tuf rouge-
« jaunâtre très - commun dans
« nos îles. On en vend même se-
« crètement dans nos marchés pu-
« blics, sous le nom de caouac.
« (M. Thibaut étoit à la Martinique
« en 1751.).... Ceux qui sont dans
« cet usage en sont si friands,
« qu'il n'y a point de châtiment
« qui puisse les empêcher d'en
« manger (a) ». Dans les villages

(a) *Thibaut de Chanvallon*, Voyage
à la Martinique, p. 85.

de l'île de Java, entre Sourabaya et Samarang, M. la Billardière vit de petits gâteaux carrés et rougeâtres exposés en vente. Les naturels les appellent tanaampo. En les examinant de plus près, il reconnut que ces gâteaux étoient de glaise rougeâtre que l'on mangeoit (a). Les habitans de la nouvelle Calédonie mangent, pour apaiser leur faim, des morceaux gros comme le poing d'une pierre ollaire friable. M. Vauquelin, en l'analysant, y a trouvé une quantité de cuivre assez considérable (b). A Popayan et dans plusieurs parties du Pérou, les in-

(a) Voyage à la recherche de la Peyrouse, vol. 11, p. 322.
(b) *Ibid.* p. 205.

digènes achètent au marché de la terre calcaire avec d'autres denrées. Pour en faire usage, ils y mêlent le cocca , ou les feuilles de l'*erythroxilon peruvianum.* Ainsi nous trouvons ce goût de manger de la terre, que la nature sembleroit avoir dû réserver aux habitans des régions ingrates du nord, répandu dans toute la zone torride parmi ces races d'hommes indolens qui vivent dans les contrées les plus belles et les plus fécondes de la terre.

(49) *Des figures gravées sur des rochers* , p. 61.

Dans l'intérieur de l'Amérique méridionale , entre les deuxième et quatrième parallèles nord , il existe une plaine boisée qui est entourée par les quatre rivières de l'Orénoque, de l'Atapabo, du Rio Negro et du Cassiquiare. On y trouve des rochers de syénite et de granit qui sont, ainsi que ceux de Caïcara et d'Uruana , couverts de figures symboliques colossales représentant des crocodiles , des tigres, des ustensiles de ménage et les images du soleil et de la lune. Aujourd'hui ce coin de la terre est inhabité dans une étendue de plus de cinq cents milles carrés. Les peuplades voisines se composent de misérables , ravalés au degré le plus bas de la civilisation , menant une vie errante , et bien éloignés de pouvoir graver des hiéroglyphes sur les rochers. Ces vases de granit, ornés d'élégantes arabesques, ainsi que ces masques de terre semblables à ceux des Romains, qu'on a découverts sur la côte de Mosquito, chez des Indiens tout-à-fait sauvages, sont aussi des débris remarquables d'une civilisation éteinte. J'ai fait graver les premiers dans l'Atlas pittoresque qui accompagnera la partie historique de mon voyage, actuellement sous presse. Les antiquaires s'étonnent de la ressemblance qui existe entre ces bas-reliefs à la grecque et ceux qui ornent le palais de Mitla, près d'Oaxaca dans la Nouvelle-Espagne.

(5o) *Mais préparés au meurtre,*
p. 64.

Les Ottomaques empoisonnent souvent l'ongle de leur pouce avec le curare : la simple impression de cet ongle est mortelle, quand le curare se mêle avec le sang. Nous possédons le végétal vénéneux dont le suc sert à préparer le curare, dans la mission de l'Esmeralde, sur l'Orénoque supérieur. Malheureusement nous ne trouvâmes pas cette plante en fleur. D'après sa physionomie, c'est un *phyllanthus.*

SUR L'ESPÈCE DE TERRE QU'ON MANGE A JAVA.

Extrait d'une lettre de M. Leschenault, *Botaniste de l'expédition des découvertes aux Terres Australes,* à M. de Humboldt.

La terre que mangent quelquefois les habitans de l'île de Java, est une espèce d'argile rougeâtre, un peu ferrugineuse ; on l'étend en lames minces, on la fait torréfier sur une plaque de tôle, après l'avoir roulée en petits cornets dans la forme à-peu-près de l'écorce de canelle du commerce ; en cet état elle prend le nom d'*ampo*, et se vend dans les marchés publics.

L'*ampo* a un goût de brûlé très-fade que lui a donné la torréfaction : il est très-absorbant, happe à la langue, et la dessèche ; il n'y a presque que les femmes qui mangent l'*ampo*, surtout dans le temps de leurs grossesses, ou lorsqu'elles sont atteintes du mal qu'on nomme en Europe, *appé it déréglé*. Plusieurs mangent anssi l'*ampo* pour se faire maigrir, parce que le défant d'embonpoint est une sorte de beauté parmi les Javans. Le désir de rester plus long-temps belles, leur ferme les yeux sur les suites pernicieuses de cet usage qui, par l'habitude, devient un besoin dont il leur est très-difficile de se sevrer. Elles perdent l'appétit et ne prennent plus, qu'avec dégoût, une très-petite quantité de nourriture. Je pense que l'*ampo* n'agit que comme absorbant, en s'emparant du snc gastrique : il dissimule les besoins de l'estomac, sans les satisfaire. Bien loin de nourrir le corps, il le prive de l'appétit, cet avertissement utile que la nature lui a donné pour pourvoir à sa conservation ; aussi l'usage habituel de l'*ampo* fait dépérir et conduit insensiblement à l'éthisie et à une mort prématurée. Il seroit très-utile pour apaiser momentanément la faim dans une circonstance où l'on seroit privé de nourriture, ou bien si l'on n'avoit pour la satisfaire que des substances malsaines ou nuisibles.

LESCHENAULT.

Paris, le 15 mai 1808.

VOYAGE

DANS L'INTÉRIEUR

DE L'AMÉRIQUE,

DANS LES ANNÉES 1799 à 1803,

Par MM. DE HUMBOLDT et BONPLAND.

10 vol. in-4°. avec 3 atlas, et 4 vol. in-fol. Paris, chez F. SCHOELL, rue des Fossés-St.-Germain-l'Auxerrois, n°. 29

PROSPECTUS.

Le grand nombre de matériaux que MM. Alexandre de Humboldt et Aimé Bonpland ont rapportés du voyage qu'ils ont fait dans l'intérieur de l'Amérique, dans les années 1799, 1800, 1801, 1802 et 1803, et la diversité des objets sur lesquels leurs recherches se sont étendues, les ont engagés à diviser la relation de leur voyage en différentes parties ou recueils détachés, dont chacun, renfermant les observations du même genre, offre aux amateurs la facilité de ne se procurer que la partie qui les intéresse plus particulièrement. Tous ces ouvrages portent le titre de

VOYAGE DE HUMBOLDLT ET BONPLAND.

Indépendamment de ce titre général, chaque partie porte un titre particulier, et se vend séparement. Ils seront tous imprimés dans le même format, à l'exception de ceux de botanique et des atlas, qui exigent un format plus grand pour le développement des figures.

Voici la division adoptée par les deux auteurs.

PREMIÈRE PARTIE.

Physique générale et Relation historique du Voyage, en 5 vol. in-4°. et 2 atlas.

Le *premier volume* de cette division a paru ; il forme l'introduction de l'ouvrage entier, et offre le résultat de toutes les recherches auxquelles ces savans se sont livrés pendant cinq années de voyages dans les deux hémisphères, et qui se trouveront développées en détail dans les autres parties de l'ouvrage. Il a pour titre :

Essai sur la géographie des Plantes , ou Tableau physique des régions équinoxiales, fondé sur des observations et des mesures faites depuis le 10e. degré de latitude australe jusqu'au 10e. de latitude boréale, en 1799 , 1800 , 1801 , 1802 et 1803.

Une planche du format de grand-aigle, dessinée par *Turpin* et *Schönberger*, d'après un croquis de M. de Humboldt, représente une coupe de l'Amérique sur une ligne qui va du 10e. degré de latitude boréale jusqu'à 10e. de latitude australe, et qui passe par la cime du Chimborazo, en partant des côtes de la mer du Sud jusqu'à celles du Brésil ; elle indique la progression de la végétation depuis l'intérieur de la terre qui récèle des plantes cryptogames, jusques aux neiges perpétuelles qui sont le terme de toute végétation. L'on y distingue la végétation des palmiers et des scitaminées , celle des fougères en arbres, des quinquina, des graminées. Le nom de chaque plante est inscrit à la hauteur à laquelle elle se trouve d'après les mesures déterminées par M. de Humboldt. Seize colonnes latérales , non compris une quadruple échelle, indiquent tous les phénomènes physiques que présentent les régions équinoxiales depuis le niveau de la mer du Sud jusqu'au sommet de la plus haute cime des Andes. Outre la végétation, ce tableau indique les animaux, les rapports géologiques, la culture, la température de l'air, les limites des neiges perpétuelles, la constitution chimique de l'atmosphère, sa tension électrique, sa pression barométrique, le décroissement de la gravitation, l'intensité de la couleur azurée du ciel, l'affoiblissement de la lumière pendant son passage par les couches de l'air, les réfractions horizontales, et le degré de l'eau bouillante à différentes hauteurs. On a joint, pour faciliter la comparaison de ces phénomènes avec ceux des zones tempérées, un grand nombre de hauteurs mesurées dans les différentes parties du globe, et la distance à laquelle ces hauteurs peuvent êtres aperçues sur mer. Ce tableau est gravé avec la plus grande netteté, et enluminé avec soin.

Prix de ce volume : sur papier grand-jésus vélin, la carte sur grand-aigle vélin, enluminée, fr. 60

Sur papier fin, la carte enluminée, fr. 40.
Sur papier fin, la carte en noir, fr. 30.

On peut se procurer séparément la carte, fr. 35 enluminée, et fr. 25 en noir.

Les *second*, *troisième*, *quatrième* et *cinquième* volumes contiendront la relation historique du voyage, avec des observations sur l'influence du climat, relativement à l'organisation en général; des considérations sur l'ancienne culture de l'Amérique espagnole et sur l'origine des peuples qui habitent ces contrées; des observations sur les mœurs de ces peuples, leur culture intellectuelle, leur bien-être; sur les antiquités, le commerce et l'économie politique. Ils seront accompagnés de deux atlas in-folio:

1°. Le premier contiendra la *partie pittoresque et celle des antiquités*, en quarante-deux planches. Presque tous ces dessins ont été faits sur les lieux par M. de Humboldt, retouchés en Europe, et gravés par les premiers artistes, parmi lesquels nous citerons *Gmelin, Koch, Schieck, Reinhard, Pinelli, Barboni, Morelli, Roncalli*, à Rome; *Thibaud, Turpin, Massard* père et fils; *Bouquet, Cloquet*, à Paris; *Düttenhoffer*, à Stuttgard; *Mayer*, à Berlin. La plupart des planches sont gravées au burin; quel

ques - unes le sont en manière d'aquatinta ;
d'autres représentant des costumes ou arabesques mexicains, sont enluminées ; une
seule, la vue du Chimborazo, sera imprimée
en couleur, et formera un des plus magnifiques tableaux du genre des paysages. Parmi
les sujets des planches, nous ne citerons,
outre celui que nous venons d'indiquer, que
les suivans : une statue de prêtresse, antiquité
mexicaine ; une idole colossale du Mexique ;
vue du cratère du pic de Ténériffe ; un gra-
din de la pyramide de Papantla ; vue du
volcan de Cayambé ; le jardin des Incas ; vue
des vallées de Quindiu ; les volcans d'air
de Turbaco ; plan du palais de Mitla ; la pyramide de Cholula ; l'image du soleil dans
les rochers des Incas ; la cascade de Tequen-
dama ; celle de Regla, sur des colonnes basaltiques ; la vue des montagnes de neige de
Chimborazo, Popocatepec et Cotopaxi ; celle
du pic d'Orizava, du Corazon et d'Illinissa ;
le tableau hiéroglyphique du voyage des
Tultèques ; vue de l'éruption du volcan de
Jorulo ; la rivière du Vinaigre ; la poste na-
geante ; un campement sur l'Orénoque, avec
la manière de rôtir un singe ; la cataracte de

l'Orénoque ; architecture et intérieur de la maison du Cannar , etc.

Toutes ces gravures, sans exceptions , sont achevées.

2°. Le second atlas contient douze *cartes physiques* , et des *cartes géographiques* , fondées sur des observations astronomiques faites par M. de Humboldt même , et sur un grand nombre de pièces intéressantes dont il a pu disposer.

Le premier volume de cette relation, avec une livraison de l'Atlas pittoresque, paroîtra dans le courant de l'année.

SECONDE PARTIE.

Zoologie et anatomie comparée, en I vol. in. 4°.

MM. de Humboldt et Bonpland ont été très heureux en découvertes intéressantes sur la zoologie et l'anotomie comparée. Ils ont rapporté , en grand nombre, des descriptions d'animaux inconnus jusqu'à présent , de singes , d'oiseaux , de poissons , d'amphibies. M. de Humboldt a dessiné beaucoup d'objets d'anatomie comparée sur le crocodile , le lamentin , le paresseux , la lama , et le larynx des singes et des oiseaux. Il a rapporté une collection de crânes d'Indiens Mexicains, Péruviens et des habitans de l'Orénoque, et ses dessins ne sont pas moins intéressans pour l'histoire des différentes races de notre espèce, que pour l'anatomie. Ces matériaux, parmi lesquels on remarquera une notice sur les dents d'éléphans fossiles, qu'il a trouvées à 2,600 mètres d'élévation au-dessus du niveau de la mer, paroissent par cahiers, sous le titre de :

Observations de zoologie et d'anatomie comparée, faites dans un voyage aux Tropiques, 1 vol. in-4°.

Il en a paru trois livraisons qui contiennent des observations très-intéressantes sur l'os hyoïde et le larynx des oiseaux, des singes et du crocodile, qui expliquent entr'autres la perfection avec laquelle quelques mammifères, et surtout les singes, imitent la voix des oiseaux, et la faculté du crocodile de prendre sa proie sous l'eau, sans être noyé par la grande masse d'eau qui devroit entrer dans son œsophage ; l'histoire naturelle d'une nouvelle espèce de singes, le *simia leonina*, qui n'a que 7 pouces de long, et ressemble, dans sa petitesse, au lion, dont il a la couleur, et surtout la crinière qu'il hérisse quand il se fâche; un mémoire sur l'érémophilus et l'astroblépus, deux nouveaux genres de l'ordre des apodes; un autre sur un poisson dont les volcans du Quito vomissent de temps en temps une innombrable quantité à 2600 toises au-dessus de la surface de la mer; l'histoire naturelle du fameux condor des Andes, avec deux planches qui prouvent que toutes les représentations qui existent de cet oiseau sont fabuleuses; la description d'une nouvelle espèce de gymnote, des observations très-curieuses sur l'anguille électrique, et la description de la pêche de ces poissons qui se fait par le moyen des chevaux sauvages dont on fait entrer des troupeaux dans les ruisseaux; enfin, un mémoire très-instructif sur l'anatomie des reptiles regardés encore comme douteux par les naturalistes, tels que les tetards des salamandres et des grenouilles, rainettes et crapauds, du protée, etc., avec la description de *l'axolotl* du lac de Mexico, rapporté par MM. de Humbold et Bonpland. Ce dernier mémoire est de M. *Cuvier.*

Prix des trois livraisons avec 14 planches, dont plusieurs en couleurs sur papier jésus fin, fr. 45, et sur papier grand jésus vélin, fr. 63.

Les *quatrième* et *cinquième* livraisons, contenant la partie, entomologique, sont sous presse.

Troisième partie.

Essai politique sur le royaume de la Nouvelle-Espagne, ouvrage qui présente des recherches sur la géographie du Mexique, sur l'étendue de sa surface, et sa division politique en intendances, sur l'aspect physique du sol, sur la population actuelle, l'état de l'agriculture, de l'industrie manufacturière et du commerce; sur les canaux qui pourroient réunir la mer des Antilles au grand Océan, sur les revenus de la couronne, la quantité de métaux qui a reflué du Mexique en Europe et en Asie, depuis la découverte du nouveau continent, et sur la défense militaire de la Nouvelle Espagne; 1 vol. in-4º. avec un Atlas physique et géographique, fondé sur des observations astronomiques, des mesures trigonométriques et des nivellemens barométriques. Livraison première du texte et de l'Atlas, avec 6 cartes ou vues ; *Pap. vél.* fr. 54. *Pap. fin*, fr. 42.

Arrivé au Mexique par la mer du Sud en mars 1803, M. de *Humboldt* a résidé dans ce vaste royaume pendant un an. Après avoir fait des recherches dans la province de Carracas, aux rives de l'Orénoque et du Rio-Negro, dans la Nouvelle-Grenade, à Quito et sur les côtes du Pérou, où il s'étoit rendu pour observer dans l'hémisphère austral le passage de mercure sur le soleil, le 29 novembre 1802, il devoit être frappé du contraste qu'offre la civilisation de la Nouvelle-Espagne, avec le peu de culture des parties de l'Amérique méridionale qu'il venoit de parcourir. Ce contraste l'excitoit à la fois et à l'étude particulière de la statistique du Mexique, et à la recherche des causes qui ont le plus influé sur les progrès de la population et de l'industrie nationale.

Sa situation individuelle lui offroit tous les moyens pour parvenir au but qu'il s'étoit proposé. Aucun ouvrage imprimé ne pouvoit lui fournir de matériaux ; mais il eut à sa disposition un grand nombre de mémoires manus-

crits, dont une curiosité active a fait répandre
des copies dans les parties les plus éloignées
des colonies espagnoles. Il comparoit les résultats de ses propres recherches aux données
contenues dans les pièces officielles qu'il avoit
rassemblées depuis plusieurs années. Un séjour
qu'il fit en 1804, à Philadelphie et à Washing-
ton, lui fit faire des rapprochemens entre
l'état actuel des Etats-Unis et celui du Pérou
et du Mexique, qu'il avoit visités peu de temps
auparavant.

C'est ainsi que ses matériaux géographiques
et statistiques s'accrurent trop pour en faire
entrer les résultats dans la relation historique
de son voyage. Il s'est flatté de l'espoir qu'un
ouvrage particulier, publié sous le titre d'Essai politique sur le royaume de la Nouvelle-
Espagne, pourroit être accueilli avec intérêt,
à une époque où le Nouveau-Continent fixe
plus que jamais l'intérêt des Européens.

L'ouvrage que nous publions en ce moment est divisé en six grandes sections. Le
premier livre offre des considérations générales sur l'étendue et l'aspect physique de la
Nouvelle-Espagne. Sans entrer dans aucun
détail d'histoire naturelle descriptive (détail

réservé pour d'autres parties du voyage), il examine l'influeuce des inégalités du sol sur le climat, l'agriculture, le commerce et la défense des côtes. Le *second* livre traite de la population générale et de la division des castes. Le *troisième* présente la statistique parti- culière des intendances, leur population et leur aréa calculée d'après les cartes qu'il a dressées sur ses observations astronomiques. Il discute dans le *quatrième* livre l'état de l'agriculture et des mines métalliques ; dans le *cinquième*, les progrès des manufactures et du commerce. Le *sixième* livre contient des recherches sur les revenus de l'état et sur la défense militaire du pays.

QUATRIÈME PARTIE.

Artronomie et Magnétisme.

Cette partie sera composée de deux volumes in-4°., dont l'un embrasse l'astronomie et les mesures barométriques, l'autre le magué- tisme.

M. de Humboldt, pour rendre son voyage utile aux géographes et aux navigateurs, a voulu présenter à-la-fois et les observations originales et les résultats du calcul. A l'exemple de Le Gentil, il a joint à chaque éclipse d'un satellite de Jupiter, l'angle horaire ou la série des hauteurs correspondantes qui ont servi à déterminer l'avance ou le retard du chronomètre. Il a cru d'autant plus nécessaire de publier le détail de son travail astronomique, qu'occupé de plus d'un genre de recherches à-la-fois, il pouvoit craindre le soupçon que les nouveaux résultats qu'il présente ne fussent déduits que d'un très-petit nombre d'observations. Notre voyageur a voulu mettre les astronomes en état de juger par eux-mêmes le degré de confiance que méritent les différentes positions qui doivent servir de fondement aux cartes de l'intérieur du nouveau continent.

Exposé sous un climat brûlant à des fatigues continuelles, luttant, au milieu des forêts, contre des difficultés de tout genre, M. de *Humboldt* n'a pu donner à toutes ses observations un égal degré d'exactitude. Il n'avoit calculé lui-même pendant le cours de son voyage, qu'à peu-près la moitié de ses observations. Ces calculs se fondoient, quant aux distances lunaires et aux satellites de Jupiter sur les Ephémérides de Greenwich , et sur la Connoissance des temps. Parmi les hauteurs circumméridiennes , il n'avoit choisi généralement que celle du passage même. De retour en Europe , M. de Humboldt a désiré que toutes ces observations fussent calculées par un géomètre exercé dans ce genre de travail. M. *Oltmanns* , qui déjà s'est fait connoître avantageusement aux astronomes par plusieurs mémoires intéressans , a bien voulu se charger de cette rédaction. Il a réuni un grand nombre d'observations correspondantes , et les a discutées avec un soin extrême. Il n'a rien négligé de ce qui pouvoit faire de ce *recueil* un ouvrage important pour les astronomes , les géographes et les navigateurs.

MM. de Humboldt et Oltmanns ont divisé leur ouvrage en dix-sept sections. Chaque section , ou plutôt chaque livre , est précédé par une courte notice historique. Les observations sont rangées dans le même ordre chronologique , d'après lequel elles se suivoient dans le journal astronomique que M. de Humboldt a tenu pendant cinq ans. La première livraison de ce volume a paru : elle contient les deux premières sections où sont discutées les positions de Valence , de Madrid, du Ferrol , de Cadix , de Carthagène , de Ste.- Croix de Ténériffe, des îles voisines de la côte de Cumana , de l'intérieur de la Nouvelle Andalousie et des Missions des Indiens Chaymaz. Le supplément au second livre contient un mémoire de M. de *Humboldt*, sur les réfractions astronomiques dans la zone torride , correspondantes à des angles de hauteur plus petits que 10 degrés, et considérés comme effet de décroissement du calorique ; ce mémoire est suivi de deux notes de MM. *Delambre* et *Matthieu*, sur les observations de Le Gentil et de Svanbeck.

Cet ouvrage contiendra la détermination astronomique de la position de 290 points et 400 mesures de hauteur. M. de *Humboldt* s'étant imposé la loi de ne pas se fier aux résultats seuls de son garde-temps , a réuni , autant que les circonstances l'ont permis, plusieurs moyens astronomiques à-la-fois , comme les distances de la lune au soleil , des immersions et des émersions des satellites de Jupiter , etc. M. *Oltmanns* en a calculé les distances lunaires ; non par groupe, comme on fait généralement, mais une par une , mé thode aussi peu favorable pour l'amour-propre de l'observateur, qu'elle est utile pour découvrir les erreurs de l'observation. Tous les calculs (des occultations d'étoiles, de 4 éclipses de soleil, du passage de Mercure, de 140 éclipses de satellites, de 200 lieues de la lune, et de près de 3000 angles horaires), ont été faits d'après les élémens les plus nouveaux, d'après les tables de soleil de MM. Delambre et de Zach, d'après les tables de la lune de Burg et de Trisneker, d'après les tables des satellites de M. Delambre, etc. Les astronomes trouveront dans ce recueil un grand nombre d'observations faites par d'autres navigateurs, et dont les résultats n'ont jamais été publiés.

L'impression d'un ouvrage hérissé de nombres, exige un temps considérable. Pour subvenir en attendant aux besoins des géographes, et pour leur indiquer ce qu'ils pourront attendre du recueil même, MM. de *Humboldt* et *Oltmanns* viennent de publier une partie des résultats de leurs recherches dans un mémoire latin qui porte le titre de *Conspectus longitudinum et latitudinum geographicarum per decursum annorum* 1799 *ad* 1804, *in plaga æquinoctiali astronomice observatarum.*

Prix de la *première* livraison de l'Astronomie, y compris le conspectus, sur *papier grand jésus fin*, fr. 45.

Sur *papier grand jésus vélin*, fr. 60.

Celui du Conspectus seul, sur *pap. grand jésus fin*, fr. 6.

Sur *pap. grand jésus vélin*, fr. 9.

Dans le volume magnétique, un géomètre justement célèbre, M. *Biot*, discutera, outre les observations de M. de *Humboldt*, celles de Cook, de Vancouver, et des astronomes habiles qui ont suivi l'expédition d'Entrecasteaux.

CINQUIÈME PARTIE.

Essai sur la Pasigraphie,

ou Essai sur la manière de représenter les phénomènes de la stratification des roches par des signes très-multipliés ; un vol. in-4°., accompagné de cinq figures au simple trait.

SIXIÈME PARTIE.

Botanique.

Première Division.

L'herbier que ces voyageurs ont rapporté
du Mexique, des Cordillères des Andes,
de l'Orénoque, du Rio-Negro et de la rivière
des Amazones, est un des plus riches en
plantes exotiques qui jamais ait été trans-
porté en Europe. Ayant vécu long-temps dans
des pays qu'aucun botaniste n'avoit visités
avant eux, on conçoit combien il doit se
trouver de genres nouveaux et d'espèces nouvelles parmi les six mille trois cents espèces
qu'ils ont recueillies sous les tropiques du
Nouveau continent. S'ils ne vouloient publier
qu'à la fois la description systématique de
tous ces végétaux, ils emploieroient plusieurs
années à s'assurer de ce qui est vraiment neuf,
ou ils s'exposeroient à publier, sous de nouveaux noms, des plantes déjà connues. Il a
donc paru préférable de faire paroître, sans
s'assujettir à un ordre suivi, les dessins des
nouveaux genres et des nouvelles espèces
qu'ils ont pu suffisamment déterminer, et de

faire suivre plus tard un ouvrage sans planches qui contiendra les diagnoses de toutes les espèces systématiquement rangées. C'est dans ces vues qu'ils publient les

Plantes Equinoxiales recueillies au Mexique, dans l'île de Cuba, dans les provinces de Caraccas, de Cumana et de Barcelonne, aux Andes de la Nouvelle-Grenade, du Quito et du Pérou, et sur les bords du Rio-Negro, de l'Orénoque et de la rivière des Amazones.

Cet ouvrage in-folio, imprimé sur papier grand jésus vélin et grand colombier vélin, des plus belles fabriques de France, paroît par livraisons. Toutes les planches, dessinées par MM. de *Humboldt*, *Turpin* et *Poiteau*, sont gravées par M. *Sellier*, un des plus fameux artistes en ce genre, et tirées en noir. Le premier volume orné du portrait du célèbre *Mutis* auquel il est dédié, comprenant huit livraisons qui contiennent soixante-neuf planches, a paru. On y trouve seize nouveaux genres, savoir : le *Ceroxylon* ou *Palmier à cire*, qui produit une espèce de résine dont les indigènes fabriquent des cierges et des bougies, et dans l'analyse de laquelle M. Vau-

(233)

quelin a trouvé deux tiers de résine et un tiers
d'une substance qui a toutes les propriétés
chimiques de la cire ; le *Mutisia*, dont le fruit
a le goût de l'abricot ; le *Marathrum* ; le *Cas-
supa* ; le *Saccellium* ; le *Cheirostemon*, magnifique arbre dont on ne connoissoit jusqu'en 1801 qu'un seul individu près de
Toluca, pour lequel les Indiens ont une
vénération religieuse ; le *Rhetiniphyllum*,
le *Machaonia*, *le Turpinia*, arbre ainsi
nommé en l'honneur d'un de nos meilleurs
dessinateurs de plantes ; le *Limnocharis*,
l'*Exostema*, le *Bertholletia*, dédié au célèbre chimiste à qui l'on doit tant de découvertes importantes, et qui s'occupe mainte-
nant de la physiologie et de la chimie des
végétaux, le *Vauquelinia*, le *Salpianthus*,
le *Hermesia*, le *Lilœa*.

Outre ces genres, le premier volume renferme cinquante espèces non encore décrites,
savoir : deux *jussiœa*, le *sedioides* et le
natans ; le *myrtus microphylla* ; cinq de
freziera, le *reticulata*, le *canescens*, le *chry-
sophylla*, *le sericea* et le *nervosa* ; quatre
de *cinchona* ou quinquina, le *condaminea*,
l'*ovalifolia*, le *magnifolia* et le *scrobiculata* ;

(234)

deux de *loasa*, le *ranunculifolia* et l'*arge-
monoides*; le *mimosa lacustris*; deux de
jacaranda, l'*acutifolia* et l'*obtusifolia*; deux
de *bambusa*, le *guadua* et le *latifolia*; deux
de *passiflora*, le *glauca* et l'*emarginata*; le
claytonia cubensis; deux d'*epidendrum*, le
grandiflorum et l'*antenniferum*; le *theobroma
bicolor*; le *bignonia chica*; le *viola cheran-
thifolia*; le *bocconia integrifolia*; l'*astragalus
geminiflorus*; le *guardiola mexicana*; le
lycium fuchsioides; le *chuquiraga microphylla*; le *desfontainia splendens*; le *ruellia
formosa*; le *buginvillœa peruviana*; le *mutisia grandiflora*; huit espèces de *symplocos*,
le *coccinea*, *cernua*, *serrulata*, *rufescens*,
tomentosa, *nuda*, *limoncillo*, *mucronata*;
te *thuinia decandra*; le *wintera granatensis*;
quatre espèces de *brunellia*, le *decandra*, le
comocladifolia, le *tomentosa*, l'*ovalifolia*,
et l'*acutangula*; deux de *gonzalea*, le *tomentosa*, et le *pulverulenta*; enfin l'*eccremocar-
pus longiflorus*.

Prix du premier volume : sur papier grand
jésus vélin fr. 234 (la première livraison,
fr. 10, et chacune des suivantes fr. 32). Sur
grand-colombier vélin, dont il n'a été tiré

que vingt - cinq exemplaires, fr. 394. (La première livraison fr. 16, et chacune des suivantes fr. 54.)

DEUXIÈME DIVISION.

Cette division est destinée aux monographies des melastomes, des graminées et des cryptogames des tropiques. On publie dans ce moment le premier volume de cette division, contenant :

Monographie des Melastomes et autres genres du même ordre, in-folio.

Plus de cinquante espèces de melastomes, que cinq années de recherches dans l'Amérique méridionale ont offertes à ces voyageurs, et les confusions qui se trouvent dans les descriptions qui existent de quelques espèces de ce genre, les ont convaincus de la nécessité d'en faire la monographie, mais pour pouvoir faire celle de tous les genres de cet ordre, il a fallu qu'ils fussent aidés des herbiers et des lumières de plusieurs illustres botanistes et de quelques voyageurs, tels que MM. Labillardière, Palisot de Beauvois, du Petit-Thouars, et principalement de M. Richard.

Tous ces savans ont consenti à faire entrer dans ce recueil les espèces qu'ils possèdent.

Les dessins de cet ouvrage ont été confiés à MM. *Turpin* et *Poiteau*, dont les talens, comme peintres et botanistes, sont connus : ils ont été gravés sous les yeux et par les soins de M. *Fouquet*, et imprimés en couleurs par M. *Langlois*, deux artistes dont les soins réunis ont fourni quelques-uns des plus beaux ouvrages d'histoire naturelle qui ont été publiés en France depuis une dixaine d'années. On ne craint pas d'être désavoué en affirmant que ces monographies égalent ce que la France et l'Angleterre ont produit de plus beau en ouvrages de botanique.

Il a paru, de cette division, huit livraisons in-folio, chacune de cinq planches ; on y trouve vingt nouvelles espèces de *melastomes*, et autant de *Rhexia*.

Prix des huit livraisons : sur papier grand-jésus vélin, fr. 288 ; sur papier grand colombier vélin, dont on n'a tiré que vingt cinq exemplaires, fr. 480.

———

Tel est l'ordre adopté par MM. de Humboldt

et Bonpland pour la publication de leur voyage, et le plan d'après lequel ses différentes parties se suivront successivement. La quantité de matériaux préparés et de planches achevées ou livrées aux artistes, permet d'espérer que deux années suffiront pour en exécuter la totalité, et qu'avant l'expiration de celle de 1808, les amateurs posséderont au moins la partie la plus intéressante de cet ouvrage.

Nous ajouterous encore quelques observations générales.

1°. MM. de Humboldt et Bonpland, unis par les liens de l'amitié la plus étroite, ayant partagé toutes les fatigues et tous les dangers de ce voyage, sont convenus que toutes leurs publications porteront leurs deux noms à la fois. La préface de chaque ouvrage annonce auquel des deux est due spécialement telle ou telle partie.

2°. Tous ces ouvrages, à l'exception de la partie botanique, sont publiés à la fois en françois et en allemand : les deux éditions doivent être regardées comme originales. Quant à la partie botanique, rédigée par M. Bonpland, comme les descriptions des

plantes sont en latin , et se trouvent par-là à
la portée de toute l'Europe savante , on a cru
inutile d'en faire une édition allemande ; mais
on a eu soin d'en donner deux titres , un
françois et un latin ; le dernier est destiné aux
personnes qui ont acquis les autres volumes
de la collection en allemand.

RÉCAPITULATION

Des Parties du Voyage qui ont paru.

Partie I. Physique générale et Rela'on
historique du Voyage ; *Vol.* I. in-4°. contenant l'Essai sur la géographie des Plantes ,
orné d'un grand tableau colorié; pap. vél. fr. 60.
Papier fin ,   fr. 40.

On peut avoir les exemplaires du papier fin
avec la carte en noir ; ils ne coûtent alors
que fr. 30.

La carte seule se vend séparément , colo-
riée , fr. 35; en noir , fr. 25.

Partie II. Zoologie et Anatomie comparée, livraisons 1 , 2 , 3 , in-4°. ornées de 14 planches. Pap. vél.   fr. 63.

Papier fin ,   fr. 45.

Partie III. Statistique du Mexique, livraison 1ere. in-4°., avec la 1ere. livraison de l'Atlas , in-fol. Pap. vél.   fr. 54.

Papier fin ,   fr. 42.

Partie IV. Astronomie et Magnétisme , livraison 1ère· in-4°. avec le *conspectus.* Pap. vél.   fr. 60.

Pap. fin ,   fr. 45.

Le *Conspectus* seul , pap. vél. fr. 9, pap. fin, fr. 6.

Partie VI. Botanique. Plantes équinoxiales. *Vol.* I , in-fol. avec 69 planches. Pap. vél.   fr. 234.

Quelques exemplaires sur grand colombier vélin , à fr. 394.

Monographie des Melastomes , livraisons 1—8, ornées de 40 planches. Pap. vél. fr. 288.

Il en a été tiré quelques exemplaires sur pap. grand colombier vélin , à fr. 280.

Total , fr. 759, pap. vél. et fr. 694 pap. fin.

En attendant que nous ayons fait graver les portraits des deux voyageurs avec tout le soin qu'ils méritent, on peut ajouter à cette collection celui de M. *de Humboldt*, gravé à l'eau-forte par M. Aug. Denoyers, d'après un croquis de M. Gérard, fait avant le départ de M. de Humboldt pour l'Amérique; fr. 4. 5o c.